# 黄土高原非生物胁迫后冬小麦高光谱特征及定量监测研究

谢永凯 著

## 内容简介

近年来，随着我国精准农业的发展，3S 技术（遥感，Remote sensing，RS；地理信息系统，Geography information systems，GIS；全球定位系统，Global positioning systems，GPS）已经逐步应用于农业生产。高光谱技术属于遥感技术的重要分支，将高光谱技术应用于农业领域是提高农业生产效率的重要途径。小麦是世界上重要的粮食作物，本书通过山西省黄土高原地区冬小麦非生物逆境胁迫模拟，利用统计学方法进行高光谱反射率及不同尺度农学参数数据处理及模型构建，以期探究非生物胁迫下冬小麦高光谱特性及实现定量监测的可行性，可为农业地理、作物栽培和智慧农业等相关领域从业者和研究人员提供参考。同时，本书希望借助高光谱技术帮助农民尽早发现非生物胁迫灾害的发生，为灾害发生后农业部门及时制定防灾减灾措施提供科学服务保障。

**图书在版编目（CIP）数据**

黄土高原非生物胁迫后冬小麦高光谱特征及定量监测研究 / 谢永凯著. -- 北京 : 气象出版社, 2023.1
ISBN 978-7-5029-7934-8

Ⅰ. ①黄… Ⅱ. ①谢… Ⅲ. ①遥感图象－应用－黄土高原－冬小麦－监测－研究 Ⅳ. ①S512.1

中国国家版本馆CIP数据核字(2023)第038947号

Huangtu Gaoyuan Feishengwu Xiepo hou Dongxiaomai Gaoguangpu Tezheng ji Dingliang Jiance Yanju

**黄土高原非生物胁迫后冬小麦高光谱特征及定量监测研究**

---

**出版发行：**气象出版社
**地　　址：**北京市海淀区中关村南大街 46 号　　**邮政编码：**100081
**电　　话：**010-68407112（总编室）　010-68408042（发行部）
**网　　址：**http://www.qxcbs.com　　**E-mail：**qxcbs@cma.gov.cn
**责任编辑：**彭淑凡　毛红丹　　**终　　审：**张　斌
**责任校对：**张硕杰　　**责任技编：**赵相宁
**封面设计：**楠竹文化
**印　　刷：**北京中石油彩色印刷有限责任公司
**开　　本：**787 mm×1092 mm　1/16　　**印　　张：**10.5
**字　　数：**197 千字
**版　　次：**2023 年 1 月第 1 版　　**印　　次：**2023 年 1 月第 1 次印刷
**定　　价：**49.00 元

---

# 前 言

干旱、冻害等非生物逆境胁迫频发，严重影响冬小麦的正常生长发育。冬小麦在非生物逆境胁迫发生后，会引起生理指标相关变化，最终导致不同程度的减产和品质下降。干旱和冻害具有发展过程缓慢、影响因素较多且波及范围较广等特点，因此，采用传统管理技术难以实时掌握冬小麦干旱和冻害发生状况，存在人力物力投入较大且滞后等缺点。高光谱遥感技术在农业生产领域的推广和应用，为非生物逆境胁迫灾害后实时、快速、无损监测冬小麦生长状况提供了技术手段。

本书包括两部分内容。第一部分内容以山西农业大学2017—2018年、2018—2019年的冬小麦水分胁迫试验为基础，通过选择冬小麦叶片含水量（LWC）、叶绿素密度（ChD）、游离脯氨酸（Pro）含量以及抗氧化物酶中的超氧化物歧化（SOD）、过氧化氢酶（CAT）和过氧化物酶（POD）活性等生理指标作为研究对象，利用主成分分析方法（PCR）构建了冬小麦干旱综合指标（CDI）。结合相关分析法和逐步多元线性回归（CA+SMLR）、偏最小二乘法和逐步多元线性回归（PLS+SMLR）及连续投影算法（SPA）对光谱反射率进行了特征波段提取，综合利用化学计量学方法，对冬小麦生理及CDI指标监测展开了研究，结果如下。

1. 水分胁迫发生后，生理指标随着胁迫时间的增加变化规律不同，ChD和Pro出现先增加后降低趋势，POD随生育时期推进，胁迫时间延长，一直呈增长趋势，综合比较

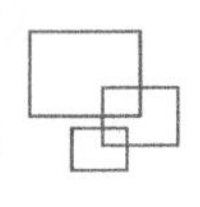



LWC 和 SOD 活性随生育时期变化相对不明显。在相同播后天数随水分胁迫程度基本变化趋势呈正相关的生理指标有 Pro、SOD、CAT 和 POD，呈负相关的生理指标有 LWC 和 ChD，其中对水分胁迫响应敏感的主要有群体指标 ChD、渗透调节作用的 Pro 和抗氧化酶中的 POD 活性，CAT 活性与胁迫处理响应情况较差。

2. 冬小麦在水分胁迫处理后，冠层光谱反射率在可见光波段范围内出现“绿峰”（540~560 nm）和“红谷”（670~690 nm）。“红边”位置（680~780 nm）出现了急剧升高现象，并形成了近红外（NIR）光谱中的高反射率平台。冠层光谱反射率与生理指标相关性分析结果显示，SOD 和 CAT 与冠层光谱反射率相关性较低，但 LWC、ChD、Pro 及 POD 整体相关性较高，说明冠层光谱反射率 LWC、ChD、Pro 及 POD 与水分胁迫处理响应敏感。

3. 单一生理指标与基于 PCR 方法构建的综合指标 CDI 相关性分析均达到了极显著相关，实现了水分胁迫后冬小麦相关生理指标信息的有效融合。

4. 综合不同特征波段提取方法提取的生理指标特征波段为：LWC（761 nm、853 nm、887 nm 和 938 nm）、ChD（427 nm、434 nm、749 nm 和 814 nm）、Pro（756 nm 和 761 nm）、SOD（1068 nm）、CAT（744 nm 和 1350 nm）、POD（939 nm）。而 CDI 利用不同方法提取的特征波段个数较多且在不同光谱反射率区域均有分布。

5. 基于全波段构建的 PLSR 监测模型表现整体优于基于特征波段构建的 MLR 和 SMLR 模型。其中，Pro 模型（$R^2$=0.845，RMSEC=0.131，RPD=2.540；$R^2$=0.741，RMSEP=0.174，RPD=1.935）表现最好。通过对 CDI 模型的构建，发现构建的 CDI 的 PLSR 模型监测效果最好，模型的拟合程度较高（$R^2$=0.885，RMSEC=0.221，RPD=2.772；$R^2$=0.631，RMSEP=0.441，RPD=1.625），说明模型具有一定的普适性。基于特征波段进行模型构建，发现 PLS+SMLR 和 SPA+MLR 方法可以实现模型的优化和简化，进一步证明利用 CDI 进行冬小麦干旱监测是具有一定实际意义的。

第二部分内容为 2014 年 9 月至 2015 年 6 月在华北黄土高原地区作物栽培与耕地保育科学观测试验站进行的试验，分为盆栽冻害试验和大田冻害试验，盆栽冻害试验用于模型的建立，大田冻害试验用于模型的验证。为研究冬小麦冠层光谱对冻害胁迫的响应规律，实现产量的早期估测研究，本部分试验采用盆栽试验与大田试验，对拔节期冬小麦进行低温胁迫处理，通过分析不同低温处理下产量构成要素的差异性及冠层光谱的变化特征，研究冠层光谱对低温胁迫的敏感响应规律；利用连续投影算法（SPA）提取冬小麦产量及产量要素在不同冻后天数的重要波段，结合相关系数法，研究产量光谱特征；在此基础上，研究构建多元线性回归（MLR）的预测模型。利用全谱分析构建冻后不同时期冬小麦产量及其要素的主成分回归（PCR）模型，对比二者的表现和大田试验结果，筛选最佳监测时期和最优监测方法，实现冬小麦产量的早期估算。结果如下。

1. 随着胁迫程度的增加，在可见光范围出现“绿峰”（550 nm左右）减弱，“红谷”（650~680 nm）抬升，“红边”位置（680~780 nm）“蓝移”的现象，而近红外波段光谱（780~950 nm）反射率呈升高的趋势。随着生育期的推进，冬小麦冠层光谱反射率在可见光区形成了两个吸收谷，分别为蓝光（450 nm左右）与红光波段（650 nm左右），在550 nm处出现强的反射峰，在“红边”位置（680~780 nm）急剧升高。之后，光谱反射率逐渐降低，表明冬小麦冠层光谱对冻害响应敏感。

2. 随着冻害胁迫时间的增加，冬小麦穗数、穗粒数呈现逐渐降低的规律，而千粒重却呈现出先增加后降低的变化趋势。随着冻害胁迫程度的升高，冬小麦产量呈现降低的趋势。

3. 冬小麦冠层光谱与产量及其构成要素都有着较高的相关性，部分光谱区域达到显著和极显著水平。相关系数在“红边”位置发生突变或者达到极值，表明“红边”区域与冻后冬小麦产量及其构成要素具有较高的敏感响应性。

4. 利用SPA方法提取冬小麦产量构成要素及产量的重要波段，穗数的重要波段分布在400 nm、679 nm、761 nm和1350 nm左右；穗粒数重要波段在400 nm、677 nm和761 nm附近；千粒重重要波段在400 nm、680 nm、730 nm、1120 nm和1350 nm附近；冬小麦产量的重要波段则出现在400 nm、530 nm、710 nm、760 nm和1350 nm五个波段附近。提取的重要波段大部分在“绿峰”波段周围和近红外波段，且所提取的冻害重要波段有26.2%位于“红边”区域，表明“绿峰”“红边”区域、近红外波段与冻害胁迫后产量及其构成要素有着紧密关系。

5. 穗数估测模型（MLR方法）以冻后25 d模型最佳，模型验证精度较高（$R^2$=0.822，RMSEP=2.217，RPD=2.277）；穗粒数估测模型（PCR方法）以冻后10 d所建模型效果最好，验证精度较高（$R^2$=0.913，RMSEP=3.349，RPD=2.292）；千粒重最佳的估测时期为冻后5 d，模型（PCR方法）具有较高的验证精度（$R^2$=0.858，RMSEP=1.153，RPD=2.360）；所构建的产量PCR模型则以冻后25 d预测精度较高（$R^2$=0.879，RMSEC=700.921，RPD=2.872），验证精度也较高（$R^2$=0.856，RMSEP=783.789，RPD=2.524）。

随着高光谱遥感技术和数据分析方法的快速演变和发展，实现冬小麦非生物胁迫生长发育的定量精准监测需要研究人员进行更为长期且深入的探索和研究。本书以干旱灾害和冻害为例，利用高光谱技术对黄土高原冬小麦非生物胁迫定量监测进行了探索，可以为农业地理、作物生态和智慧农业等专业领域研究人员提供借鉴参考。

由于作者水平和经验有限，书中难免存在疏漏和不足之处，热切希望相关专家学者、院校师生、同行等批评指正。

目 录

# 第1章

# 高光谱遥感技术

# 1.1 高光谱遥感技术基本原理及优势

高光谱遥感（Hyperspectral Remote Sensing）起源于20世纪70年代初的多光谱遥感，兴起于20世纪80年代。高光谱技术是将探测器技术、精密光学机械、微弱信号检测、计算机技术、信息处理技术融合并运用的综合性技术（杨哲海 等，2003），是基于分子、原子结构理论和量子力学理论，用于识别分子、原子类型及其结构的一门综合学科（浦瑞良 等，2000）。

1983年，美国成功研制第一台成像光谱仪——AIS-1，并在矿物填图、植被生化特征等研究方面成功应用（杨国鹏 等，2008）。继而，具有224个通道、光谱范围为0.2~2.4 μm的AVIRIS成像光谱仪研制成功并运用于高空U-2飞机，光谱分辨率为10 nm。美国国家航空航天局（NASA）喷气推进实验室（JPL）成功研制了航空可见红外成像光谱仪（AVIRIS），标志着第二代成像光谱仪诞生。第三代高光谱成像光谱仪为克里斯特里尔傅里叶变换高光谱成像仪FTHSI，采用256通道，光谱范围为400~1050 nm，光谱分辨率为2~10 nm，视场角为150°（杨哲海 等，2003）。

20世纪80年代，我国研制和发展了新型模块化航空成像光谱仪（MAIS），这一成像光谱系统在可见光—近红外—短波红外—热红外多光谱扫描仪集成使用，从而使其总波段达到70~72个。推帚式成像光谱仪（PHI）和实用型模块化成像光谱仪（OMIS）等仪器也相继研制成功。MAIS、OMIS和PHI三大遥感系统的运行，标志着我国已进入掌握光谱遥感技术国家行列。

随着光谱技术的发展和日趋成熟，高光谱遥感技术已经成为当前遥感领域的前沿技术，现已相继运用于地理环境、军事工业、农业等各个领域（Milton et al.，2009）。

## 1.1.1 高光谱遥感基本原理

随着光谱分辨率的不断提高，光学遥感的发展过程分为全色（Panchromatic）—彩色（Color Photography）—多光谱（Multispectral）—高光谱（Hyspectral）几个阶段。高光谱遥感技术的基本原理是基于太阳辐射与大气和地物的相互作用（陈述彭 等，1998），是指

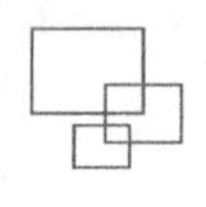


在电磁波谱的紫外、可见光、近红外和中红外区域，获取许多非常窄且光谱连续的图像数据技术（姚云军 等，2008；Lillesand et al.，2000）。

高光谱遥感技术拥有较高的光谱分辨率，通常达到 $10^{-2}\lambda$ 数量级，为每个像元提供大量的小于 10 nm 的窄波段，从而有效地实现地物、辐射、光谱信息等的同步获取（刘春红 等，2005；苏红军 等，2008），为每个像元提供数十至数百个窄波段的光谱信息，并生成一条完整而连续的光谱曲线，具有常规多光谱遥感技术所不能达到的优势（Lillesand et al.，2000；Vane et al.，1993）。

可见光谱区（Vis）为 400~780 nm，产生于价电子和分子轨道上的电子在电子能级上的跃迁。近红外光（NIR）是介于紫外（UV）—可见光（Vis）和中红外光（MIR）之间的电磁波，波长为 780~2500 nm，分为短波（780~1100 nm）和长波（1100~2500 nm）近红外两个区，产生于分子振动的非谐振性使分子振动从基态向高能级跃迁（褚小立，2011）。在高光谱研究过程中，不同的波长具有不同的吸收特征（表 1.1）。由于高光谱遥感技术在农业领域中的逐步应用和推广，为多层次定量分析与应用开辟了良好前景。

**表 1.1 光谱部分波长吸收特征**

**（Kubo et al.，2005；Schwanninger et al.，2004；Sills et al.，2012）**

| 波长 /nm | 机理 | 化学成分 |
|---|---|---|
| 430 | 电子跃迁 | 叶绿素 a |
| 460 | 电子跃迁 | 叶绿素 b |
| 640 | 电子跃迁 | 叶绿素 b |
| 660 | 电子跃迁 | 叶绿素 a |
| 910 | C-H 拉伸，三级谐波 | 蛋白质 |
| 930 | C-H 拉伸，三级谐波 | 油类 |
| 970 | O-H 弯曲，一级谐波 | 水，淀粉 |
| 990 | O-H 拉伸，二级谐波 | 淀粉 |
| 1020 | N-H 拉伸 | 蛋白质 |
| 1040 | C-H 拉伸，C-H 形变 | 油类 |
| 1120 | C-H 拉伸，二级谐波 | 木质素 |

续表

| 波长 /nm | 机理 | 化学成分 |
|---|---|---|
| 1200 | O-H 弯曲，一级谐波 | 水，纤维素，淀粉，木质素 |
| 1400 | O-H 弯曲，一级谐波 | 水 |

### 1.1.2 高光谱遥感技术优势

高光谱遥感技术具有高光谱分辨率和高空间分辨率的特性（童庆禧 等，2006），是基于分子、原子结构理论和量子力学理论，用于识别分子、原子类型及其结构的一门学科（浦瑞良 等，2000）。高光谱遥感技术能从电磁波谱中的紫外、可见光等波段区域获取许多光谱窄而连续的图像数据，为每个像元提供大量的小于 10 nm 的窄波段，从而形成了完整的光谱曲线，具有常规多光谱遥感技术所不能达到的优势（Lillesand et al.，2000；Vane et al.，1993）。

目前，普遍使用的遥感数据的光谱波段较宽，导致在数据采集过程中容易受到太阳光和大气环境等因素的影响，降低了遥感图像和光谱数据地物之间的特征差异，最终影响对地物的识别（徐冠华 等，1996）。

相比之下，高光谱遥感技术能够得到视线中目标物体的完整光谱曲线，被广泛应用于作物长势监测和产量早期估测研究（刘占宇 等，2009；Green et al.，1998；Mkhabelaa et al.，2011；Prabhakar et al.，2011；Zhang et al.，2010）。高光谱遥感技术具有可以多尺度、多角度、多波段、多时相地提供大范围地面观测数据等优势。

## 1.2 高光谱遥感技术在农业中的应用

我国是一个传统农业大国，如何通过科学技术手段解决我国农业生产过程中出现的劳动力和资金投入较大、生产效率较低等问题，精确农业的实施成为缓解这一问题的有效途径，同时符合我国农业生产服务的要求。

精确农业（Precision Agriculture）主要指将全球定位系统（GPS）、地理信息系统（GIS）、连续数据采集传感器（CDS）、遥感（RS）、变率处理设备（VRT）和决策支持系统（DSS）等现代高新技术运用于农业产前、产中和产后等每个环节（赵春江 等，2003）。其中，如何快

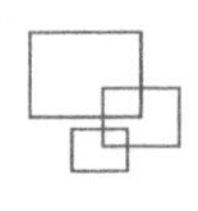



速、准确、可靠地获取作物的生长信息，已经成为精确农业实施过程中的重要研究方向。

近年来，高光谱分析技术正以产业链的方式应用于多个领域，在精确农业实施上的应用更是广泛。例如，作物养分条件在作物生长发育过程中，有着重要的调控作用，如氮、磷、钾、锌等营养元素与作物生长状态密切相关，缺少其中相关元素都会导致作物生长发生变化，而高光谱遥感技术可以有效地对作物养分条件进行预测（Mahajan et al.，2014；Takahashi et al.，2000）。

逆境条件下，植株及叶片含水量（Ustin et al.，2012）、水势（田永超 等，2003）、叶绿素（Bannari et al.，2007）、相关酶活性（Singh et al.，2009a）、氨基酸含量（Fontaine et al.，2002）、蛋白含量（Shuqin et al.，2016）等表征作物遭受胁迫的指标变化，研究作物冠层结构发生变化的规律及特征，为高光谱遥感技术实现对生理指标的定量监测提供了理论基础。

目前，随着光谱遥感技术和图像处理分析技术的日益发展，近红外高光谱也已经运用于农作物品种的鉴定与识别分类（Kong et al.，2013）、作物病虫害的灾害预测（陈鹏程 等，2006；Huang et al.，2007）、农作物品质（Elmasry et al.，2012）和产量（Yongkai et al.，2020）的估测等研究领域。将高光谱技术有效地运用于农业生产实践过程，可以获取作物生长状态及遭受胁迫影响等信息，从而帮助农业部门决策和农民进行灌溉量、施肥量和施药量等田间管理措施的制定和实施。

高光谱遥感技术以其多尺度、多角度、多波段、多时相地大范围获取地面观测数据，通过结合不同化学计量学方法进行定量反演，就可以实现实时获取如植被指数、亮度指数和地表辐射温度等植被特征信息。

随着空间技术、计算机技术、传感器技术等与遥感密切相关的学科技术的快速发展，遥感技术已经逐步应用在生产生活的各个领域（王纪华 等，2008）。结合现代遥感技术与农业生产科学而应用于农业生产的新型边缘科学——农业遥感，也应运而生（殷飞 等，2015）。近年来，高光谱遥感技术由于其分辨率高等特点，已经成为现代精确农业研究的重要手段（童庆禧 等，2006）。

作物经历的生物胁迫和非生物胁迫会影响到作物的生长发育，生物胁迫是指对作物生存与发育不利的各种生物因素的总称。通常是由于感染和竞争所引起的，如病害、虫害、杂草危害等。而非生物胁迫是指在特定环境下，任何非生物因素对作物造成的不利影响。如盐碱、干旱、冻害、冷害、洪涝、矿物质缺乏以及不利的 pH 等。在非生物胁迫中，干旱和冻害是制约作物生长的两个主要的胁迫因素。

# 第2章

# 非生物胁迫后作物高光谱遥感技术应用

## 2.1 干旱胁迫研究进展

干旱是一个全球共同存在的非生物胁迫灾害，1984 年，Hagman 等（1984）提出干旱曾是我们人类认识最少且灾害程度最深的气象灾害。在中国气象灾害中，干旱发生频率最高，灾损可以达到所有气象灾害的 50%（钱正安 等，2001）。我国西北和华北地区连续多年出现的干旱灾害严重影响到了正常的农业生产，全世界范围内干旱导致的减产超过其他原因导致减产的总和（汤章城，1983）。

由于干旱缺水导致小麦品质降低、产量减少的情况时有发生。农业干旱灾害的频繁发生会对小麦生产造成巨大的经济损失，所以对小麦干旱灾害机理研究、干旱等级划分和田间管理措施的制定是至关重要的。农业干旱相关研究的开展对提高作物干旱灾害风险预测、经济损失定量分析和动态评估有巨大帮助，并且可以为政府和相关农业生产部门及时掌握干旱受灾情况及制定相应防御和减灾措施提供科学的保障服务。

国内外学者对干旱灾害发生后，小麦的田间预防及补救、长势指标及品质产量变化规律等都进行了深入详细的研究。干旱缺水导致小麦理化性质发生变化（Noorka et al.，2009），叶片失水影响叶绿素的生物合成，光合作用减弱（Shangguan et al.，1999），且促进已形成的叶绿素加速分解，造成叶片变黄（张永强 等，2002）、株高降低（王伟 等，2009）等直观表现。赵辉等（2007）选用不同品种冬小麦（扬麦 9 号、豫麦 34）设置了温度和水分条件梯度对冬小麦花后旗叶光合特性的变化、营养器官花前贮藏干物质和氮素转运特征及其籽粒产量和品质形成进行了综合研究，得出高温及干旱会导致旗叶光合速率和叶绿素含量（SPAD）降低。姜东等（2004）认为，干旱和渍水均缩短了各品种花后旗叶的光合速率高值持续期（PAD）和叶绿素含量缓降期（RSP）。Dickin 等（2008）认为，冬小麦在灌浆期遭受干旱灾害会显著降低其产量。薛昌颖等（2003）利用京津冀地区 53 a（1949—2001 年）的冬小麦产量数据资料，采取直线滑动平均法分离出趋势产量和气象产量，并将气象产量做了相对化处理，将灾后相对减产率序列作为研究对象，根据风险理论采用风险评估技术和方法，计算了该区在干旱气候条件下冬小麦不同减产率范围出现的概率。

但由于干旱灾害发生频率高，在干旱发生后如何有效应对或减轻干旱灾害带来的损失？近些年许多学者特别关注作物抗旱特性的研究，李德全等（1993）发现，拔节、孕穗和开花期抗旱性强的品种气孔阻力比抗旱性弱的品种大，灌浆和乳熟期抗旱性强的品种的光合速率比抗旱性弱的品种高，从孕穗到乳熟期，缓慢干旱胁迫下 50% 光合受抑制时的叶片水势，抗旱性强品种低于抗旱性弱的品种。Winter 等（1988）通过设置不同的干旱处理，并利用不同田间筛选技术对 5 个品种的冬小麦抗旱性进行了研究。当然，作物的抗旱特性受生长进程、形态解剖和生理生化因素的综合影响，这些研究多数在苗期或某个生育期进行（Xu et al.，1999）。也有一些学者发现，从冬小麦的前期田间管理入手，选择适合当地的灌溉制度是行之有效的方法。居辉等（2000）从产量差异的生理基础和耗水特征等方面探究了节水高产的原因，表明不同灌溉制度显著影响冬小麦水分消耗和产量。

基于许多学者对冬小麦干旱灾害研究基础，并随着精确农业的发展，高光谱技术在农业上逐步展示了其快速、无损的优越性。谷艳芳等（2008）测定了不同水分处理下高光谱反射率和对应的叶绿素指标，发现特征光谱和“红边”参数可以很好地监测冬小麦生长后期的长势。Yunhao 等（2007）在水氮互作条件下，发现当施氮量处于适当的给定水平时，水的施用量增加，小麦的冠层光谱反射率在红外区域逐渐增加。在利用高光谱遥感技术模拟作物生长方面，Steduto 等（2009）曾在报道中介绍了联合国粮农组织（FAO）AquaCrop 作物模型的概念和基本原理，它模拟了在雨养、补给、亏缺和充分灌溉条件下作物可达到的产量与耗水量的函数关系。

为提高干旱胁迫后冬小麦高光谱模拟的精准度，Jin 等（2018）通过利用 AquaCrop 模型进行模拟，发现数据同化方法可用于估算水分生产率（WP）。Zwart 等（2007）已经开发出一种使用 SEBAL 算法和高分辨率卫星图像来量化作物产量、蒸散量（ET）和水分生产率（WPET）的方法，并且认为 AquaCrop 模型可用于遥感估算，并通过遥感改善农业水资源管理。

通过不同的途径和方法实现高光谱遥感技术对作物干旱灾害的定量监测已经得到了广泛的应用。而在高光谱遥感数据获取过程中，可能会受到土壤背景和作物冠层结构的无规律吸收，使得光谱信息出现无规律变化，导致所测得的光谱数据不仅包含了作物的长势信息，同样会包含许多外界因素的干扰信息。因此，通过有效的光谱预处理方法及特征变量的提取，可以有效地消除背景和去除噪声等外界因素的影响。

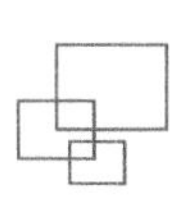

光谱包含着不同地物信息（杜培军 等，2011；张连蓬，2003），并且数据波段过多、维度很高，存在冗杂现象，此类现象会导致在实际工作中计算时间长、工作任务重等问题的发生（Cochrane，2000）。所以，可以利用不同的特征参数分析及选择将数据进行简化处理。在光谱数据与作物长势指标模型建立过程中选择适当数量的建模样本和重要光谱变量是保证所建立模型稳健性和适用性的前提（Araújo et al.，2001）。但是从光谱波段中选择最精确的波长来表征作物的生长仍然是一个具有挑战性的课题。利用不同方法选择并提取与作物长势指标响应敏感的光谱区域或者波段，不仅能够实现光谱数据降维，还能够达到去除无效光谱信息、提高监测模型精度的目的（Singh et al.，2009b）。作物高光谱特征波段在提取过程中要遵循相应的原则：①特征波段保证尽量是最少的个数却能表征最多的作物生长信息；②所提取的特征波段之间相关性要较低。

随着遥感技术的兴起和不断发展，利用化学计量方法，对干旱胁迫下冬小麦冠层光谱反射率与叶片含水量（LWC）、叶绿素密度（ChD）和游离脯氨酸（Pro）含量等生理指标的关系进行研究，可以为监测作物生长提供理论依据。干旱灾害的发生会导致冬小麦植株和叶片水分缺失，LWC 与植株自身特性有很大关系，在一定程度上可以反映叶片组织的水分状况。

Tilling 等（2007）报道称，水分胁迫下导致 LWC 降低，由于水分含量降低，叶片内部结构发生了变化，会导致“红边”和近红外（NIR）区域的光谱反射率发生显著变化。王圆圆等（2010）在冬小麦孕穗、开花和乳熟 3 个发育阶段对 LWC 进行测定，利用回归方法建立诊断模型，认为光谱数据的最佳利用形式分别为对数光谱、导数光谱和反射率光谱，LWC 的重要光谱区间为 SWIR、NIR 和 SWIR。也有报道称，植被指数中叶绿素指数（$CI_{green}$）、“红边”叶绿素指数（$CI_{red\ edge}$）和“红边”归一化植被指数（$NR_{red\ edge}$）对冠层 LWC 的变化响应最敏感（Zhang et al.，2015）。

叶片水分的缺失影响了叶绿素的生物合成，加速了叶绿素的分解，从而导致叶绿素含量下降且叶绿素密度变化。叶绿素是植物在光合作用中吸收光能的色素，也是吸收光能的主要物质，叶绿素含量在一定程度上会直接影响叶片光合能力（万余庆 等，2006）。植物色素在光合作用过程中能够吸收光能，其含量直接影响光能在光合作用中的利用。传统的作物色素测量一般采用有机溶剂溶解植物组织中的色素，通过光度计或高效液相色谱（HPLC）进行监测，而利用高光谱遥感技术对植被叶绿素监测研究在国内外已有大量的研究报道。亚森江・喀哈尔等（2019）通过不同数学变换的微分预处理，大幅度地提升了模型精度和稳健性，并认为在高光谱遥感反演春小麦抽穗期叶片叶绿素含量上是可行的。

当然，许多专家学者研究大都建立在光谱反射率估计作物叶绿素含量的基础上，利用群体光谱对农作物生理指标的估算研究还较少（Broge et al.，2002）。植被的光谱反射率中，可见光波段主要由叶绿素和其他色素控制和影响（Shibayam et al.，1989；Thomas et al.，1977）。植物叶片的生物学特性和光学特性在很大程度上决定了植物冠层光谱反射率（Wiegand et al.，1972）。通过对孟卓强等（2007）提出的利用不同数学变换进行微分预处理后，大大提高了模型的准确性和稳健性，认为高光谱遥感估测ChD模型是可行的。高光谱技术在预测作物群体性能而不是单个植株的价值方面展示出了巨大的潜力（Feng et al.，2014）。刘伟东等（2000）分析了光谱对冠层结构、光照条件、土壤背景和大气条件的敏感性，利用微分技术处理水稻群体反射光谱以减少土壤等低频背景光谱噪声的影响，研究发现了ChD与光谱数据的相关性显著高于LAI。植物和叶片反射光谱在可见光范围内主要受叶绿素和覆盖度的影响，在近红外区域（NIR）主要受叶片结构和冠层等的影响，ChD可以综合反映植被群体光合作用的强弱和植被长势的情况，它与叶面积指数、生物量等指标可以共同反映作物的生长状况和生产能力。

Pro是重要的渗透保护物质，在植物的抗性生理中发挥着重要的作用（李玲 等，2003）。许多学者对胁迫后的Pro含量进行了深入的研究（李德全 等，1989；Liang et al.，2013），认为干旱灾害发生后，Pro会通过不同的途径进行累积以应对胁迫造成的损伤。在研究结果中，发现水分胁迫处理下生育前期变化不明显，但是在开花期左右会出现大幅度的升高，说明Pro含量可以作为表征植株干旱的参数。高光谱技术对Pro的快速精确反演，可以在干旱灾害的监测研究中起到一定作用。

高光谱遥感技术比普通遥感技术具有更多的波段和更高的光谱分辨率，可以提供广泛的光谱信息。因此，高光谱技术对干旱胁迫后冬小麦生长发育过程中生理指标的监测具有重要作用（王利民 等，2008）。但是，高光谱数据在包含巨大信息量的同时，也会产生大量数据冗余现象。为了减少数据冗余，特征波段的选择和提取一直是高光谱遥感领域的热门话题之一（Debacker et al.，2005）。

在高光谱数据分析过程中，光谱特征区域和特征波段的正确合理选择起着重要作用，在保证不丢失基础数据构成信息的情况下，提高数据分析的性能（Tschannerl et al.，

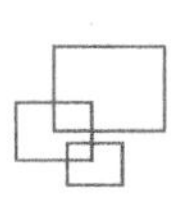

2019）。高洪智等（2009）采用SPA方法对光谱数据进行压缩，并根据其对总氮的贡献进一步选择波长，消除了不敏感波长，降低了模型的复杂性。Hendawy等（2019）使用PLSR中的可变重要性，结合MLR方法实现了重要波段区域的获取。

采用不同特征光谱提取方法，对不同水分胁迫下冬小麦LWC、ChD及Pro三个生理指标敏感区域和波段进行提取，并建立监测模型，实现了对冬小麦干旱胁迫后LWC、ChD及Pro含量的反演，为掌握冬小麦水分胁迫后水分分布、群体的光合能力、渗透调节作用和冠层光谱反射率之间关系及实现快速、无损地监测冬小麦干旱胁迫后干旱综合指标的建立提供了有效的依据。

当然，冬小麦为了抵御胁迫对自身系统造成的伤害，逐渐形成了抵抗胁迫的适应机制和策略。通过调节启动抗氧化防御系统等来使自身免受干旱的伤害，近年来，对抗氧化防御系统的研究一直是一个热点（魏炜 等，2003）。

目前，我们已经熟知干旱灾害发生后会导致植株产生应激反应（Bowler et al.，1992），应激反应过程中活性氧（ROS）会积累增加（Huseynova，2012），植物细胞体内会产生多余的活性氧自由基，其中羟自由基（·OH）和超氧物自由基（$O_2^-$）会导致细胞膜脂质过氧化，膜透性升高（周桂莲 等，1996）。此时，酶促清除系统中的SOD、CAT、POD等会发挥其特征作用（王金铃 等，1994）。在抗氧化酶系统中，SOD可以把超氧物阴离子自由基（$O_2^-$）转化为$H_2O_2$，CAT和POD可分解$H_2O_2$，三种酶通过协同作用可以形成一个完整的防氧化链条。通过对抗氧化酶活性变化研究，在一定程度上可以反映植物体内的代谢及抗逆性的变化。

Hasheminasab等（2012）利用不同基因型冬小麦抗旱品种，分析了不同条件下抗氧化酶活性、脂质过氧化（LPO）、膜稳定性指数（MSI）等的变化规律，筛选出了抗旱基因型品种。Zhang等（1994）等通过对不同品种小麦水分胁迫处理，发现胁迫早期抗氧化物胁迫酶活性一定程度地增加或维持不变，但是如果对冬小麦进行复水处理以后酶活性会发生部分恢复现象。谭晓荣等（2018）等通过一定程度的干旱锻炼，测定了冬小麦的抗氧化酶系统，研究发现适度的干旱锻炼有利于提高冬小麦的抗旱能力，并指出抗氧化系统全面增强可以降低干旱损伤的程度。胡程达等（2015）通过分析不同干旱程度下不同生育期冬小麦膜质过氧化程度和抗氧化酶活性等生理指标的变化状况，对冬小麦的抗旱机理进行了探究。

近年来，随着高光谱技术在农业领域的广泛运用，伴随着对高光谱技术的理解和应用

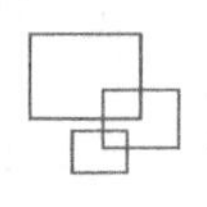


的日益提高，遥感数据被用来估测叶面化学含量及性质是具有可行性的（Curran，1989）。赵芸等（2014）使用蒙特卡罗－偏最小二乘法（MCPLS）对大麦的CAT和POD进行预测，基于全光谱波段建立最小二乘支持向量机（LS-SVM）与极限学习机（ELM）模型，发现ELM模型更适合对CAT的预测。Kong等（2012）采用偏最小二乘法、多元线性回归法、最小二乘支持向量机（LS-SVM）高斯过程回归（GPR）对大麦叶片POD进行了监测研究，为建立更简洁的模型采用连续投影算法（SPA）和回归系数（RC）对其有效波长（EWS）进行了选择。经过对大麦叶片POD活性快速监测研究后，利用遗传算法（GA）结合偏最小二乘法（PLS）进行了感染灰霉病番茄叶片的POD活性可见光和近红外光谱（Vis/NIR）高光谱监测（Kong et al.，2014）。

虽然，利用光谱遥感技术对植株的抗氧化酶活性有一定的研究，但是水分胁迫后冬小麦的酶促系统中SOD、CAT和POD酶活性高光谱定量监测研究较少，故本章在抗氧化酶活性变化特征及变化规律分析的基础上，利用三种特征波段提取方法对冬小麦SOD、CAT、POD酶活性的特征区域和波段进行选择和提取，并利用多元回归方法建立相关酶活性的定量光谱监测模型，并对模型效果进行评价。

干旱是影响农业生产最具破坏性的灾害之一，是影响粮食产量稳定性的重要非生物因子。干旱灾害发生后，作物产量会发生不同程度的下降（Boyer，1982）。干旱灾害造成的产量损失并不是由于单一指标的影响，而是多参数共同作用导致的。水分胁迫下，作物体内的生理指标都会发生相关的变化，其中部分指标对胁迫响应是敏感的，部分指标对胁迫的响应是较弱的。虽然响应较弱的指标在一定条件或时期内与干旱相关性较低，但其在表征作物受灾的严重程度方面也应当具有一定的实际意义。

目前，利用高光谱技术构建作物单一指标的研究是较多的，研究人员利用高光谱技术实现了对作物单一田间形态指标（Jackson et al.，1979；Xavier et al.，2006）、生理指标等（Aparicio et al.，2000；Oppelt et al.，2004）的研究。研究结果证明，利用高光谱遥感技术可以实现对作物单一指标的定量监测，并且监测效果较好。

近年来，国内外学者利用不同的方法和途径，构建能够综合反映作物生长指标的研究也逐步增多。Juhos等（2016）利用正交旋转的主成分分析法进行变量分析，提取了三个主成分（PCs），通过主成分的提取可以很好地解释为复杂指标，进而线性组合的其他变量一起有效地解释作物产量的可变性。孟庆立等（2009）使用主成分分析和模糊聚类的方法，建立了谷子的抗旱性综合评价体系，并且指出对谷子进行抗旱性综合评价可以有

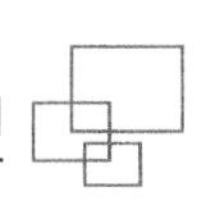

效避免单一指标的片面性，揭示了谷子抗旱相关指标和其抗旱性之间的联系。张玉芳等（2010）选取能全面、真实反映干旱特征的指标进行统计学分析，构建了在业务层面对冬小麦干旱监测预警系统及模型。李贵全等（2006）通过测定大豆的相关抗旱生理指标，利用主成分分析法将抗旱系数进行融合得到新的抗旱指标，并使用隶属函数得到隶属值，从而实现对大豆干旱程度的评价并用于抗旱品种的选择。在指标融合和综合评价方面，已经广泛地应用于作物品种的筛选工作，并取得了明显的成效。

虽然，研究者们对作物综合评价体系的研究较为广泛，但是基于高光谱定量分析技术对综合评价指标的研究还是较少的。所以，将受到胁迫后尽可能多的冬小麦指标进行融合，构建一个特定的、能体现胁迫后冬小麦生理生化综合变化的特定指标具有一定的研究意义。Pearson 等（1901）在很早就对非随机变量引入形成了主成分分析方法的雏形，后来经过不断的完善和发展（Hotelling，1933）得以运用于实际，认为在多变量分析过程中可以实现最佳综合简化。

近年来，多变量统计分析方法在光谱领域的广泛应用，极大地促进了光谱学在农业领域的发展（Yang et al.，2012）。为了实现对水分胁迫后冬小麦相关生理指标的综合评价，本章基于 LWC、ChD、Pro、SOD、CAT、POD 6 个生理生化指标，利用主成分分析方法构建了冬小麦干旱综合指标（CDI）。通过对冬小麦生理指标的相关性分析，验证综合指标对生理生化变化的表征效果。对 CDI 指标进行特征波段的提取，建立 CDI 的监测模型，并对比所构建监测模型的表现。通过数学变化和统计学分析方法对不同的变量进行信息提取和压缩，探索构建综合指标的有效途径和方法。

## 2.2　冻害胁迫研究进展

冻害胁迫的发生对农业威胁很大，主要发生在我国的西北、华北、华东、中南地区，黄土高原地区冬小麦也是其中主要的受害对象。在冻害胁迫研究过程中，宏观遥感方面，国内外学者对冬小麦晚霜冻害进行了一系列研究，并取得了一定的成果。Kerdiles 等（1996）对 1992 年 11 月阿根廷南美大草原西南地区发生的严重霜冻灾害进行了分析与讨论。Price（1994）提出了利用 NOAA/AVHRR 通道资料反演地面温度的分裂窗算法。Jurgens 等（1997）基于 SPOT 及 Landsat TM 的影像数据，利用 NDVI 指数评估了农业霜冻灾害的发生状况。

在我国，运用与实际估产的方法也是建立在大尺度遥感的基础上，杨邦杰等（2002）以山东省为样区，收集了全省 76 个气象台站的逐日最低气温、最低地面温度资料，根据植被指数 NDVI 突变的特征，提出了实用的遥感冻害监测方法。许莹等（2014）根据安徽省 12 个农业气象观测站冬小麦春霜冻害观测调查数据，全面分析了拔节期前 15 d 至拔节后 20 d 的最低气温变化规律，以日最低气温为指标，将春霜冻害等级划分为轻度和重度 2 个级别。张雪芬等（2006）以 WOFOST 作物模型为基础，利用商丘市 1980—2005 年的气象资料和冬小麦观测资料，对商丘市 5 a 晚霜冻灾害进行了模拟分析。刘峻明等（2016）在 2015 年商丘田间实验基础上，模拟冬小麦拔节后晚霜冻敏感期幼穗层气温，并结合拔节后天数对晚霜冻害的发生及其程度进行监测，以研究 SHAW 模型在冬小麦晚霜冻害监测中的适用性。钟秀丽等（2007）利用黄淮麦区及其周边地区 36 个农业气象观测站 20 a 的观察资料，分析了影响冬小麦拔节期的主要因子，并建立了拔节率随时间变化的方程。Feng 等（2009）利用 MODIS-NDVI 植被指数，并结合气象观测资料以及田间调查数据，对山西省冬小麦霜冻灾害的发生情况、分布范围以及严重程度进行了分析研究。

虽然国内外学者对冻害的发生进行了一系列的监测研究，但由于遥感影像的空间分辨率不足，致使监测精度较低，不能满足冻害监测的实际应用。同时，也造成了冻害胁迫与光谱信息机理不清晰，光谱特征信息提取不准确的后果。

高光谱技术是研究冻后冬小麦光谱监测机理的重要技术手段，许多学者对此进行了一系列的研究和探索。李章成等（2008）通过研究低温胁迫与光谱特征及其生理指标之间的关系，为遥感监测冬小麦冻害发生情况、冻害程度和冻害损失情况提供了一定的线索。任鹏等（2014）利用高光谱遥感技术研究了冠层光谱对冬小麦冻害的敏感响应性。为了提高高光谱技术在冬小麦冻害方面的监测精度，众多学者对冬小麦冻害光谱特征和模型优化进行了研究。王慧芳等（2014）基于主成分分析法建立了冬小麦冻害严重度模型，对冬小麦冻害严重度有效地进行了快速、精确的反演。段运生等（2015）利用图像处理技术提取冻害前后小麦的覆盖度特征，研究了冻害前后小麦的光谱变化特征，并确定遥感诊断的敏感波段。李军玲等（2014）对高光谱原始数据进行倒数对数、一阶导数和二阶导数变换，与叶绿素含量进行相关分析，寻找表征冻害胁迫的特征值，获得识别和评价冻害差异程度的波段和指数。武永峰等（2014）通过相关分析、线性回归建模以及波动分析，从早期性、敏感性和稳定性方面对“红边”参数监测冬小麦晚霜冻的能力进行了定量研究。

# 第3章

# 干旱胁迫后冬小麦生理指标定量监测研究

## 3.1 研究背景

“水是庄稼宝，缺水长不好”，水资源的合理利用在作物生长发育过程中起着至关重要的作用（孙景生 等，2000；Condon et al.，2002）。全球气候变化直接或间接地导致干旱等气象灾害频发，由干旱导致的水资源短缺对自然生态系统和人类经济社会产生不同程度的影响（吕妍 等，2009）。美国气象学会（AMS）1997年在总结前人对干旱定义的基础上，将干旱分为四大类，即气象干旱、水文干旱、农业干旱以及社会经济干旱（Society，1997），其中农业干旱研究的就是在干旱环境影响下，农作物由于缺水后非正常发育而导致的减产现象（史培军，2002），是气象、土壤和作物等多种因素相互作用的结果（Boken et al.，2005）。近年来，干旱灾害导致的缺水问题对农业的影响已经成为全世界都必须面临的关键问题。

小麦是世界性的重要粮食作物，原产于中亚地区，在北半球中高纬度区域种植面积较大，是我国三大谷物之一。山西地处我国黄河流域中游，是黄河流域的农业摇篮，小麦作为山西省的第二大粮食作物，其播种面积可占全省农作物播种面积的1/5，仅次于玉米，其中以冬小麦为主，种植面积约占全省小麦种植面积的95%（杨丽雯 等，2010）。山西的冬小麦生育期在每年的9月至次年6月左右，而这段时间正处于山西干旱少雨的时节。因此，对冬小麦而言，与其他自然灾害相比，干旱灾害的影响范围更广，在各个生育时期都可能遭受到干旱的威胁。

同时，干旱发生后不仅会对冬小麦生长产生影响，严重时还会导致产量下降、品质降低。因此，对干旱地区冬小麦长势进行实时监测，实现受灾等级划分以及灾损评估对农业生产具有重要意义。国内外众多学者对此类问题进行了长期的研究，在对干旱的定量化、科学化及各学科综合研究方面，已经取得了一定的进展。但是，目前世界上还没有一个统一的标准可以充分表述干旱的强度、持续时间和造成的危害等。同时，传统的监测研究方法存在费时、费力、精度不高等问题，如何快速、经济、准确地获取冬小麦长势状况并进行灾损评估则成为亟待解决的重点研究问题。

干旱灾害发生后冬小麦生育前期形态特征变化不明显，辨别困难会造成生长期间对干旱灾害的忽视。灾害发生后没有及时制定合理有效的防灾减灾措施，即使在生育中后期冬小麦有了相关形态表现，也难以补救，严重时往往会造成不同程度的产量和品质下降。然而，伴随着干旱灾害的发生，冬小麦细胞会发生失水现象，为了缓解胁迫导致的自身危害，冬小麦相关生理指标会发生不同规律的变化，不同规律的生理生化变化即可以作为有效的干旱指示剂。但依靠传统的试验方法对相关指标进行测定存在耗时、费力、时效性差等缺点。

针对干旱灾害具有发生频率高、波及范围广且表现不明显等特点，将高光谱遥感信息技术作为中间媒介，对冬小麦开展干旱灾害实时、定量监测，是农业精细化实施开展的典型应用。本书对胁迫后冬小麦的生理指标变化特征分析，可以为揭示干旱灾害导致的冬小麦机理研究提供理论支持；利用统计学方法对冬小麦干旱综合指标进行构建，可以有效地避免单一因素在评价干旱灾害时的片面性和局限性，使评价更具客观性和全面性；运用化学计量学方法构建和优化冬小麦生理指标及综合指标的定量监测模型，可以实现模型普适性和稳健性的有效统一。

同时，对水分胁迫发生后的高光谱定量监测研究，可以帮助农民尽早发现干旱灾害的发生，指导农民适时调整灌溉等田间管理制度，有利于提高冬小麦灾害风险预测和经济损失评估能力，可以为干旱灾害发生后相关农业部门及时制定防灾减灾措施提供科学的保障服务。

## 3.2 研究内容与方法

### 3.2.1 研究内容

本研究基于2017—2018年和2018—2019年冬小麦水分胁迫田间小区试验，通过对冬小麦进行不同梯度的水分处理模拟干旱灾害的发生。在冬小麦关键生育时期（拔节期、孕穗期、抽穗期、开花期和灌浆期）进行冠层光谱数据的获取，并利用传统试验方法对冬小麦叶片含水量（LWC）、叶绿素密度（ChD）、游离脯氨酸（Pro）含量、抗氧化酶中超氧化物歧化酶（SOD）、过氧化氢酶（CAT）和过氧化物酶（POD）活性等生理指标进行同步测定。

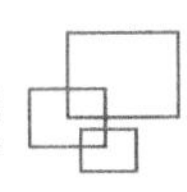

由于干旱灾害导致冬小麦不同尺度的变化是相互关联的，通过差异性分析，研究干旱灾害导致的冬小麦相关生理指标的变化规律。通过光谱反射率与生理指标的相关性分析探究光谱反射率与指标之间的响应情况。基于统计学方法分析冬小麦干旱指标之间相关性，使用主成分分析法构建可以综合反映水分胁迫后冬小麦生理指标的干旱综合指标（CDI），进而利用化学计量学方法进行基于光谱全波段和特征波段定量监测模型的构建，以实现对冬小麦水分胁迫后生理指标实时、快速、无损监测，实现对冬小麦干旱的定量监测与评估。

本试验主要解决高光谱技术在监测冬小麦干旱灾害研究中遇到的以下问题。

（1）人工模拟冬小麦干旱灾害发生，研究水分胁迫后冬小麦灾损情况及生理指标变化规律。

（2）利用常规试验方法对胁迫后冬小麦生理指标进行测定，通过分析水分胁迫后冬小麦生理指标及冠层光谱反射率的变化规律和特征，研究冬小麦生理指标与光谱反射率的响应情况。

（3）通过相关分析（CA）和偏最小二乘法（PLS）进行特征区域选择，结合多元线性回归中的逐步法（SMLR）实现特征波段提取，分别用 CA+SMLR、PLS+SMLR 和连续投影算法（SPA）提取特征波段，探究水分胁迫后冬小麦不同生理指标光谱特征区域及波段的分布状况。

（4）使用偏最小二乘回归（PLSR）建立基于全波段的监测模型，利用多元线性回归中不同方法（MLR 和 SMLR）建立基于特征波段的监测模型，通过监测模型表现对比，探究利用冠层光谱反射率对生理指标模型的适用性，从而验证高光谱技术实现对水分胁迫后冬小麦生理指标快速、无损、定量监测的可行性。

（5）基于水分胁迫后冬小麦生理指标中 LWC、ChD、Pro、SOD、CAT、POD 表现进行主成分分析，构建水分胁迫后冬小麦干旱综合指标（CDI）。通过分析 CDI 指标与各生理指标的相关性，验证 CDI 指标构建的合理性，同时构建基于化学计量学方法的监测模型。

（6）综合比较胁迫后冬小麦单一生理指标和综合指标 CDI 的光谱特征波段范围，探究冠层光谱反射率与各指标敏感响应的特征变量分布状况。比较构建的各指标定量监测模型表现，利用不同特征提取方法，寻找最优定量监测模型。

## 3.2.2 研究方法

### 3.2.2.1 相关分析法（Correlation analysis，CA）

本研究使用的相关分析法是基于著名统计学家 Karl Pearson 设计的统计指标——相关系数，相关系数是指两个指标的用以反映变量之间相关关系密切程度的统计指标，相关系数是变量之间相关程度的指标。样本相关系数用 $r$ 表示，相关系数的取值范围为 [−1,1]（Pizzolante，2011）。$r$ 绝对值越大，变量之间的线性相关程度越高；$r$ 绝对值越接近 0，变量之间的线性相关程度越低。计算公式如下：

$$r=\frac{\sum_{i=1}^{n}(x_i-\bar{x})(y_i-\bar{y})}{\sqrt{\sum_{i=1}^{n}(x_i-\bar{x})^2\cdot\sum_{i=1}^{n}(y_i-\bar{y})^2}}$$

本书是通过计算光谱反射率与各指标之间的相关系数，显示冠层光谱数据与冬小麦生理指标之间响应是否敏感，然后进行置信度 95%、$P<0.05$ 水平相关系数临界值进行特征光谱区域的划分。通过阈值计算得出，样本数为 100 时相关系数阈值为 0.1966。故将 $|r|>0.1966$ 的光谱反射率区域选取作为特征光谱区域。CA 方法在本研究中用于特征区域的选择。

### 3.2.2.2 偏最小二乘法（Partial least squares，PLS）

偏最小二乘法（PLS）是一种多元统计数据分析方法，PLS 在高光谱特征波段提取过程中，常利用 VIP 和 B-coefficient 系数进行重要光谱波段的选择（Rossel et al.，2008）。利用 PLS 结果中光谱波段变量的 VIP 值大于 1，同时该变量在模型中的 B-coefficient 大于回归系数的标准差，则可认为波段变量对于模型具有重要的作用（Chong et al.，2005）。在特征光谱区域和波段选择过程中选择最优因子个数是准确提取光谱特征信息和构建稳定、精确模型的前提，模型中引入过少或过多的潜在因子，都会影响模型的预测准确度，常通过计算不同因子个数条件下模型的均方根误差（RMSE）来选择最优因子个数。

在选择最优潜在因子个数的基础上，构建各长势指标的 PLS 模型，并根据 PLS 分析

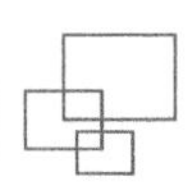

中的 VIP 和 B-coefficient 参数选择敏感光谱区域。一般认为，VIP 值反映的是各自变量对 PLS 模型的贡献大小，VIP 越大，该自变量对模型的贡献越大，表明该自变量对因变量越重要。构成 PLSR 模型的 B-coefficient 可以反映各自变量影响模型的重要性和敏感性，结合 VIP 和 B-coefficient 参数来同时选择重要的光谱波段。当 VIP ＞ 1 且 B-coefficient 较大时，该光谱区域可以划分为特征光谱区域。研究中利用 PLS 中的 VIP 和 B-coefficient 进行特征区域的选择。

当然，PLSR 主要研究的是多因变量对多自变量的回归建模，特别当各变量内部高度线性相关时，用 PLSR 更有效。另外，PLSR 较好地解决了样本个数少于变量个数等问题。PLSR 是在结合多元线性回归（MLR）和主成分回归（PCA）的共同特点的基础上发展而来，是最常用的化学计量学建模方法。

PLSR 方法尤其适用于以下条件：①自变量个数远远多于样本个数；②自变量之间存在很大的共线性。

该方法所构建的潜在因子具有以下特征：①所有因子与所有因变量呈线性关系；②所有因子之间具有很低的相关性。在光谱分析中，该方法可以同时考虑光谱矩阵 $\boldsymbol{X}$ 和样本理化值 $\boldsymbol{Y}$，建立预测模型，通过降维运算获取潜在变量，消除光谱无用的变量。

偏最小二乘回归建模的第一步是矩阵分解，公式如下：

$$\boldsymbol{Y}=\boldsymbol{UQ}+\boldsymbol{F}$$

$$\boldsymbol{X}=\boldsymbol{TP}+\boldsymbol{E}$$

式中，$\boldsymbol{P}$ 为 $\boldsymbol{X}$ 矩阵的载荷矩阵，$\boldsymbol{Q}$ 为 $\boldsymbol{Y}$ 矩阵的载荷矩阵，$\boldsymbol{T}$ 为 $\boldsymbol{X}$ 矩阵的得分矩阵，$\boldsymbol{U}$ 为 $\boldsymbol{Y}$ 矩阵的得分矩阵，$\boldsymbol{E}$ 和 $\boldsymbol{F}$ 分别为偏最小二乘回归拟合 $\boldsymbol{X}$ 和 $\boldsymbol{Y}$ 时所引进的误差。

偏最小二乘回归的第二步，将作线性回归运算。其中，关联系数矩阵如下：

$$\boldsymbol{B}=\boldsymbol{TU}(\boldsymbol{TT})^{-1}$$

$$\boldsymbol{U}=\boldsymbol{TB}$$

在模型预测时，由校正得到的 $\boldsymbol{P}$ 和未知样品的矩阵 $\boldsymbol{X}_{未知}$，求出矩阵 $\boldsymbol{T}_{未知}$，然后得到：

$$\boldsymbol{Y}_{未知}=\boldsymbol{T}_{未知}\boldsymbol{BQ}$$

在进行 PLSR 过程中，如果模型中引入过多的影响因子，可能会提高模型的预测精度，但也会导致模型复杂度升高，并且有可能出现变量之间的多重共线性问题，而引入较少的因子个数可能会导致信息的丢失，模型的预测能力和稳定性可能会出现降低现象。引入最优因子个数对构建精度较高且复杂度不高的 PLSR 模型是至关重要的，在本研究中引入因子个数均低于 20 个。

在 PLSR 使用过程中，具有以下功能：

（1）可以在复杂分析体系中应用；

（2）比较适用于小样本多元数据分析；

（3）模型得到的潜在变量与被测组分理化值或性质相关；

（4）可以使用全谱数据进行模型构建。

这些特点使得该方法在光谱分析学领域具有较大的潜在应用。研究中利用 PLSR 进行基于全波段定量监测模型的构建。

#### 3.2.2.3 连续投影算法（Successive projections algorithm，SPA）

连续投影算法（SPA）是一种前向循环选择多元矫正方法（Araújo et al.，2001；Martens et al.，1992）。连续投影算法是从一个波长开始，然后再每次迭代中新的波长，赋值初始的迭代向量 $\boldsymbol{X}_{k(0)}$ 和光谱矩阵中列数为 $N$ 个，直至达到指定数目 $N$ 的波长（Zou et al.，2010），具体的推算过程如下：

在第 1 次迭代开始前（$n$=1），使 $\boldsymbol{X}_j=\boldsymbol{X}_{\mathrm{cal}}$，设定尚未选择的集合记为 $S$

$$S=\{j,\ 1 \leqslant j \leqslant J,\ j \notin \{k(0),\ \cdots,\ k(n-1)\}\}$$

计算 $x_j$ 对剩下列向量的投影

$$\boldsymbol{P}x_j=x_j-\left(x_j^{\mathrm{T}}x_{k(n-1)}\right)x_{k(n-1)}\left(x_j^{\mathrm{T}}x_{k(n-1)}\right)^{-1}$$

式中，$\boldsymbol{P}$ 为投影算子，记 $k(n)=\arg(\max\|\boldsymbol{P}x_j\|\ j\in S)$，使 $x_j=\boldsymbol{P}x_j$，$(j\in S)$，$n=n+1$，如果 $n<N$，重新开始计算。

最后，变量提取结果为 $\{k(n);\ n=0,\ \cdots,\ n-1\}$。

SPA 通过寻找光谱信息中含有最低限度冗余信息的变量组，降低建模所使用的变量个数和变量值之间的共线性，从而减小模型的拟合复杂程度并加快运算速度，该方法用于提取和选择各长势指标的重要波段（Galvao et al.，2008）。研究中使用 SPA 方法进行冠层光谱反射率的特征波段提取。

#### 3.2.2.4 多元线性回归（Multiple linear regression，MLR）

线性回归中，当自变量个数为 2 或者 2 以上时，我们称之为多元线性回归（MLR）。在实际应用中，利用 MLR 可以有效地描述变量间的关系。MLR 的计算一般需要借助计算

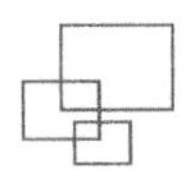

机进行处理（杜家菊 等，2010）。其具体算法如下（Preacher et al.，2006）：

设因变量 $y$ 与自变量 $x_1$，$x_2$，…，$x_m$ 之间有关系式：$y=b_0+b_1x_1+\cdots+b_mx_m+\varepsilon$，对于 $n$ 组量测数据：

$$(y_1;\ x_{11},\ x_{12},\ \cdots,\ x_{1m})$$
$$(y_2;\ x_{21},\ x_{22},\ \cdots,\ x_{2m})$$
$$\vdots$$
$$(y_n;\ x_{n1},\ x_{n2},\ \cdots,\ x_{nm})$$

式中，$x_{ij}$ 是自变量 $x_j$ 的第 $i$ 个观测值，$y_i$ 是因变量 $y$ 的第 $i$ 个值，$m$ 为自变量的个数（如参与回归的 $m$ 个光谱波长）。模型的数据结构式为：

$$y_1=b_0+b_1x_{11}+b_2x_{12}+\cdots+b_mx_{1m}+\varepsilon_1$$
$$y_2=b_0+b_1x_{21}+b_2x_{22}+\cdots+b_mx_{2m}+\varepsilon_2$$
$$\vdots$$
$$y_n=b_0+b_1x_{n1}+b_2x_{n2}+\cdots+b_mx_{nm}+\varepsilon_n$$

上述方程可写成矩阵形式：$y=xb+\varepsilon$。

由最小二乘法求出 $y$ 的估计值为 $\hat{y}$，残差平方和为：

$$S_{\text{res}}=\boldsymbol{\varepsilon}^{\text{T}}\boldsymbol{\varepsilon}=(\boldsymbol{y}-\boldsymbol{Xb})^{\text{T}}(\boldsymbol{y}-\boldsymbol{Xb})=\boldsymbol{y}^{\text{T}}\boldsymbol{y}-\boldsymbol{b}^{\text{T}}\boldsymbol{X}^{\text{T}}\boldsymbol{y}-\boldsymbol{y}^{\text{T}}\boldsymbol{Xb}+\boldsymbol{b}^{\text{T}}\boldsymbol{X}^{\text{T}}\boldsymbol{Xb}$$

求 $S_{\text{res}}$ 的极小值，$\boldsymbol{b}$ 须满足方程：

$$\frac{\partial S_{\text{res}}}{\partial \boldsymbol{b}}=\frac{\partial}{\partial \boldsymbol{b}}(\boldsymbol{y}-\boldsymbol{Xb})^{\text{T}}(\boldsymbol{y}-\boldsymbol{Xb})=0$$

即：

$$2\boldsymbol{X}^{\text{T}}(\boldsymbol{y}-\boldsymbol{Xb})=0$$

整理得到正规方程组：$\boldsymbol{X}^{\text{T}}\boldsymbol{Xb}=\boldsymbol{X}^{\text{T}}\boldsymbol{y}$，求解上述正规方程组，得到回归系数的估计值为：

$$\hat{\boldsymbol{b}}=(\boldsymbol{X}^{\text{T}}\boldsymbol{X})^{-1}\boldsymbol{X}^{\text{T}}\boldsymbol{y}$$

MLR 是高光谱定量分析技术的一种常用算法，当数据的线性关系较好时，可以忽略变量及组分之间相互干扰的影响，公式含义较清晰。在 MLR 使用过程中，主要可以分为进入、逐步、删除、向前和向后等分析方法，几种方法的基本思路都是相似的，但在运算过程中引入变量形式及计算的方法有一定的差异性。研究中使用了 MLR 方法中的逐步法（SMLR）对 CA 和 PLS 方法选定特征区域后进一步进行特征波段筛选工作并构建定量监测模型，使用进入法（MLR）进行 SPA 特征波段提取后的定量监测模型构建。

#### 3.2.2.5 主成分分析（Principal component analysis，PCA）

主成分分析（PCA）是一种多元统计分析技术，基本思路是将具有一定相关性的指标进行组合，然后组合成为一组新的较少相互无关的指标变量来替代原指标变量，常用于高维数据的降维（李靖华 等，2002；Bakshi，1998）。本研究借助 SPSS 19.0 进行主成分分析，首先选取进行主成分的合适指标，并进行标准化处理（SPSS 自动完成），然后通过相关系数矩阵判断变量间的相关性，求相关系数矩阵的特征值和特征向量。依据统计学中累积贡献率≥ 85%，变量不出现丢失情况下进行主成分个数确定（林海明 等，2005；Nagelkerke，1991），从而实现对综合指标 CDI 主成分的提取，将所提取的主成分的得分根据主成分的权重进行综合得分计算，本研究将综合得分作为 CDI，具体计算公式如下：

$$\mathrm{PC}_n = \mathrm{FAC}_n \cdot \sqrt{\lambda_n}$$

$$\mathrm{CDI} = \frac{\lambda_1}{\lambda_1+\lambda_2+K+\lambda_n}\cdot \mathrm{PC}_1 + \frac{\lambda_1}{\lambda_1+\lambda_2+K+\lambda_n}\cdot \mathrm{PC}_2 + K + \frac{\lambda_1}{\lambda_1+\lambda_2+K+\lambda_n}\cdot \mathrm{PC}_n$$

式中，$\mathrm{PC}_n$ 为第 $n$ 个主成分得分，$\mathrm{FAC}_n$ 为第 $n$ 个公因子得分，$\lambda_n$ 为第 $n$ 个特征根。

### 3.2.3 模型评价

决定系数 $R^2$ 用来度量因变量的总变差（变量波动大小）中可由自变量解释部分所占的比例，即预测值的总变差与真实值的总变差的比值，可以表示预测值与实测值的拟合程度（Ohtani，2000）。均方根误差（RMSE）是用来衡量观测值同真实值之间的偏差，且 RMSE 越小说明模型质量越好，预测越准确（Chai et al.，2014）。预测残差（RPD）可以用来表示所构建模型预测能力和稳定性（Klein，1993）。Chang 等（2002）发现，当 RPD ＞ 2 时，模型具有更好的预测能力；当 RPD 值为 1.4~2 时，模型预测能力一般；当 RPD ＜ 1.4 时，模型的预测能力较差，表明该模型不适合预测。模型评价参数（$R^2$、RMSE、RPD）计算公式如下：

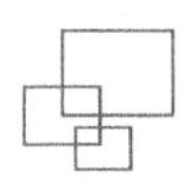

$$R^2 = 1 - \frac{\sum_{i=1}^{n}(y_i - \tilde{y}_i)^2}{\sum_{i=1}^{n}(y_i - \bar{y}_i)^2}$$

$$\text{RMSE} = \sqrt{\frac{1}{n}\sum_{i=1}^{n}(\tilde{y}_i - y_i)^2}$$

$$\text{RPD} = \frac{\text{SD}}{\text{RMSE}}$$

### 3.2.4 数据分析软件

对获取的光谱数据，使用光谱仪器自带软件（ViewSpec Pro）处理突变点，剔除异常光谱数据，进行光谱数据预处理。之后，将同一处理的光谱数据进行平均后作为目标物体的最终光谱。利用数据分析软件 Matlab 7.0（Mathworks，Natick，MA，USA）和 SPSS 19.0（IBM，Chicago，USA）进行特征区域选择和波段提取工作，同时进行主成分分析，构建干旱综合指标 CDI。Matlab 7.0 同时用于模型构建。制图软件为 Origin 8.0（OriginLab，USA）。

## 3.3 试验方案

### 3.3.1 研究区概况

黄土高原（Loess Plateau）位于中国中部偏北部，为中国四大高原之一。研究区位于黄土高原地区的山西省晋中市太谷县，试验地点设在山西农业大学农学院试验站，属暖温带大陆性气候，年平均气温 9.8 ℃，无霜期 175 d，年平均降水量 460 mm，试验于电动控制玻璃钢化旱棚（根据 FAO 标准设计和建设），旱棚试验区小区规格为 3 m × 3 m。

供试土壤选择山西省太谷县当地黄土母质发育而成的石灰性黄褐土，土壤肥力中等水平，播种前期对土壤基础属性进行测定，平均容重 1.41 g · cm$^{-3}$，平均田间持水量为 21.88%。试验前对各小区土壤全氮、全磷、全钾进行测量，并通过计算得出基肥施用量，进行定量施肥，基本保证氮肥水平达到 150 kg · hm$^{-2}$、磷肥 120 kg · hm$^{-2}$、钾肥

150 kg · $hm^{-2}$，采用定量施肥以尽量降低外界因素对控制因素的干扰，提高试验数据的准确性和可靠性。

## 3.3.2 试验设计

本研究于2017—2019年在山西农业大学试验站电动控制玻璃钢化旱棚进行为期3年、2个生长周期的冬小麦田间小区定位试验。第一生长期于2017年10月7日播种，2018年6月6日收获；第二生长期于2018年10月9日播种，2019年6月9日收获。

供试小麦为国审麦2011018中麦175，中麦175是中国农业科学院作物科学研究所用BPM 27和京411选育的小麦品种，审定编号为国审麦2011018。供试小麦属于冬性中早熟品种，全生育期251 d左右。平均亩穗数45.5万穗，穗粒数31.6粒，千粒重41.0 g。具有中等抗旱性，且在晋中地区种植面积较大。冬小麦种植密度为6×106苗 · $hm^{-2}$，行间距为20 cm。

试验共设置5个水分梯度处理，采用随机区组设计。$W_1$（对照）为田间持水量的80%（17.504%），$W_2$（轻度干旱）为田间持水量的60%（13.12%），$W_3$（干旱）为田间持水量的45%（9.846%），$W_4$（重度干旱）为田间持水量的35%（7.658%），$W_5$（极度干旱）为田间持水量的30%（6.564%）。每个水分处理重复3次，共计15个试验小区。冬小麦返青期开始控水处理，每间隔5 d测定一次土壤质量含水量，然后根据目标田间持水量对每个小区进行差异化灌溉，使每个小区保持在目标田间持水量的较小范围内，其余田间管理等各处理相同。

## 3.3.3 指标测定

### 3.3.3.1 冠层光谱测定

采用美国Analytical Spectral Device（ASD）公司生产的FieldSpec Pro FR 2500背挂式野外高光谱辐射仪型获取光谱数据。每次测量前须进行标准白板校正。测量波段范围350~2500 nm，视场角度为25°。第1生长周期试验分别在播后193 d、208 d、221 d、229 d和241 d进行光谱数据采集，第2生长周期试验分别在播后202 d、210 d、217 d、227 d和235 d进行光谱数据采集（表3.1）。

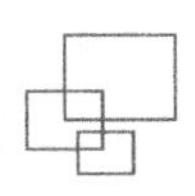

由于实际生育时期与天气状况等原因，导致两个生长周期测定冠层光谱播后天数不同，但都处于冬小麦关键生育时期，两个生长周期播后天数分别对应拔节期、孕穗期、抽穗期、开花期和灌浆期。冠层光谱测量时，选择晴朗、无风天气，测定时间段均为 10：00—11：00。测量时传感器探头垂直向下，对准冬小麦冠层，距离冠层 1 m。每次测量记录光谱值曲线 8 条，取平均值，作为原始光谱反射率数据。

**表 3.1　冬小麦生育时期对应播后天数参考**　　单位：d

| 试验时间 | 拔节期 | 孕穗期 | 抽穗期 | 开花期 | 灌浆期 |
|---|---|---|---|---|---|
| 2017—2018 年 | 193 | 208 | 221 | 229 | 241 |
| 2018—2019 年 | 202 | 210 | 217 | 227 | 235 |

#### 3.3.3.2　叶片含水量（Leaf water content，LWC）

与冠层光谱数据采集同步，进行样品采集。每个处理的三个小区中分别选择长势均匀的冬小麦功能叶片，并从叶片的基部剪下，称量叶片鲜重。利用烘箱 105 ℃持续 30 min 进行杀青处理，然后调至 75 ℃持续烘干 12 h，称量叶片的干重，具体计算公式为：

$$\text{叶片含水量 LWC(\%)}=\frac{\text{叶片鲜重}-\text{干重}}{\text{叶片鲜重}}\times 100\%$$

#### 3.3.3.3　叶绿素密度（Chlorophyll density，ChD）

随机抽取 0.1 g 样品，切成细条。吸光度值在黑暗中用 95% 的乙醇提取 24 h。利用紫外线分光光度计（UV-1800，JPN）测定其吸光度值，得到叶绿素 a 和叶绿素 b 的浓度（Sartory et al.，1984），然后通过计算测得叶绿素的质量分数。最后，单位面积叶绿素含量为叶绿素密度 ChD（$g \cdot m^{-2}$）等于叶绿素含量（$mg \cdot g^{-1}$）与单位面积鲜叶质量（$g \cdot m^{-2}$）的乘积。具体计算公式如下：

$$C_a\,(mg \cdot L^{-1}) = 13.95A_{665} - 6.8A_{649}$$

$$C_b\,(mg \cdot L^{-1}) = 24.96A_{649} - 7.32A_{665}$$

$$C_T\,(mg \cdot L^{-1}) = C_a + C_b = 18.16A_{649} + 6.63A_{665}$$

$$\text{CC}\,(mg \cdot g^{-1}) = \frac{C_T \times V_T}{W_1 \times 1000}$$

$$\text{ChD}\,(g \cdot m^{-2}) = \frac{\text{CC} \times 1000}{W_2}$$

式中，$A_{649}$ 和 $A_{665}$ 分别代表利用分光光度计在 649 nm 和 665 nm 波长处测得的吸光度值；$C_a$ 和 $C_b$ 分别代表叶绿素 a 和叶绿素 b 的浓度；$C_T$ 代表叶绿素浓度；$V_T$ 代表提取液体积；CC 代表叶绿素含量；$W_1$ 和 $W_2$ 分别代表叶片鲜重和单位面积叶片鲜重。

#### 3.3.3.4 脯氨酸（Proline，Pro）含量

植株体内的游离脯氨酸一般采用 Troll 等（1955）的酸性茚三酮显色法，脯氨酸与茚三酮加热反应后可以具有互变异构体的红色稳定产物，在 520 nm 为此红色稳定产物的最大吸收峰。红色产物使用甲苯萃取，520 nm 的吸光度与红色产物含量成正比（高俊凤，2006）。

本试验使用 3% 的磺基水杨酸进行样品游离脯氨酸的提取（张殿忠 等，1990）。通过试验，制作标准曲线。通过标准曲线可以计算出样品中脯氨酸的含量（Bates et al.，1973），单位为 $mg \cdot g^{-1}$ FW。

制作的标准曲线公式为：

$$y=0.0257x-0.0069$$

$$R^2=0.9506$$

#### 3.3.3.5 抗氧化物酶活性

（1）超氧化物歧化酶（Superoxide dismutase，SOD）

使用 NBT（氮蓝四唑）光还原法。当反应体系中有可被氧化的物质（如甲硫氨酸）时，核黄素可被光还原，还原的核黄素在有氧条件下极易再氧化，使 $O_2$ 被单电子还原产生，$O^{-2}$ 则可将 NBT 还原成蓝色的甲臜，后者在 560 nm 处有最大吸收值。SOD 能够清除 $O^{-2}$，当反应体系中有 SOD 存在时可抑制 NBT 的还原，酶活性越高，抑制作用越强，反应液的蓝色越浅。因此，可通过测定 $A_{560}$ 来计算 SOD 活性，以抑制 NBT 光还原反应 50% 所需的酶量为一个酶活性单位（沈文飚 等，1996；Kakkar et al.，1984）。

$$\text{SOD活性}\ (\mathrm{u \cdot g^{-1}FW \cdot h^{-1}}) = \frac{(A_0 - A_s)\times V_t \times 60}{A_0 \times 0.5 \times \mathrm{FW} \times V_s \times \mathrm{t}}$$

式中，$A_0$ 为光下对照管吸光度；$A_s$ 为样品测定管吸光度；$V_t$ 为样品提取液总体积（mL）；$V_s$ 为测定时酶提取液体积（mL）；$t$ 为显色反应光照时间（min）；FW 为样品鲜重（g）。

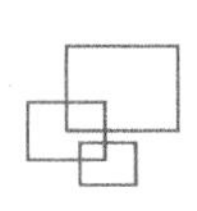

（2）过氧化氢酶（Catalase，CAT）

$H_2O_2$ 在 240 nm 波段处对紫外光具有强吸收作用，CAT 能催化 $H_2O_2$ 分解成 $H_2O$ 和 $O_2$，因此在反应体系中加入 CAT 时会使反应液的吸光度（$A_{240}$）随反应时间降低，在 1 min 内根据 $A_{240}$ 降低 0.1（3 支试管平均值）为一个酶活性单位（u），先求 1 min 降低值，可计算出 CAT 活性（李仕飞 等，2007）：

$$\text{CAT活性}（\text{u}\cdot\text{g}^{-1}\text{FW}\cdot\text{min}^{-1}）=\frac{\Delta A_{240}\times V_t}{0.1\times V_s\times t\times \text{FW}}$$

式中，$\Delta A_{240}=A_{s0}-\dfrac{A_{s1}+A_{s2}+A_{s3}}{3}$；$A_{s0}$ 为煮死酶液对照管吸光度；$A_{s1}$、$A_{s2}$、$A_{s3}$ 为样品测定管吸光度；$V_t$ 为酶提取液总体积（mL）；$V_s$ 为测定时酶提取液体积（mL）；FW 为样品鲜重（g）。

（3）过氧化物酶（Peroxidase，POD）

有 $H_2O_2$ 存在时 POD 能催化多酚类芳香族物质氧化形成各种产物，如作用于愈创木酚（邻甲氧基苯酚）生成四邻甲氧基苯酚（棕红色产物，聚合物），该产物在 470 nm 处有特征吸收峰，且在一定范围内其颜色的深浅与产物的浓度成正比，因此，可通过分光光度法进行间接测定 POD 活性（Flohé et al.，1984）。

$$\text{POD活性}（\mu\text{g}\cdot\text{g}^{-1}\text{FW}\cdot\text{min}^{-1}）=\frac{(X-X_0)\times V_t}{\text{FW}\times V_s\times t}$$

式中，$X$ 为测定管四邻甲氧基苯酚的含量（mg）；$X_0$ 为对照四邻甲氧基苯酚的含量（μg）；$V_t$ 为酶液总体积（mL）；FW 为样品鲜重（g）；$V_s$ 为测定时酶提取液的量（mL）；$t$ 为酶作用的时间（min）。

3.3.3.6　冬小麦产量及构成要素

在成熟期，共计对 5 个水分处理 3 次重复的 15 个试验小区进行产量和构成要素的测定，测定时，每个试验小区分别选择长势相对均匀的 1 $m^2$ 作为产量测定样本区域。

穗数的测定：以 1 $m^2$ 的产量测定样本区域进行冬小麦穗数计算，测定其每平方米总穗数，计算其单位面积穗数。

穗粒数测定：从冬小麦 1 $m^2$ 测产样本区域中选取长势一致的 10 株冬小麦，测量其穗粒数总数，然后除以 10 株冬小麦的总穗数，其平均值作为单株穗粒数。

千粒重测定：称量 10 株冬小麦的穗粒总重，然后除以 10 株冬小麦的总穗粒数，得到每粒的平均值乘以 1000 算出其千粒重指标。

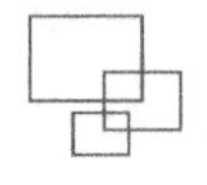

### 3.3.4 分析方法

本研究通过对2017—2018年、2018—2019年冬小麦生理指标中LWC、ChD、Pro和抗氧化酶活性差异性分析，探讨冬小麦生理指标与水分胁迫响应敏感程度；进而通过对冬小麦冠层光谱反射率及生理指标的相关性分析，证明利用高光谱技术对冬小麦生理指标定量监测的可行性。

### 3.3.5 技术路线

技术路线如图3.1所示。

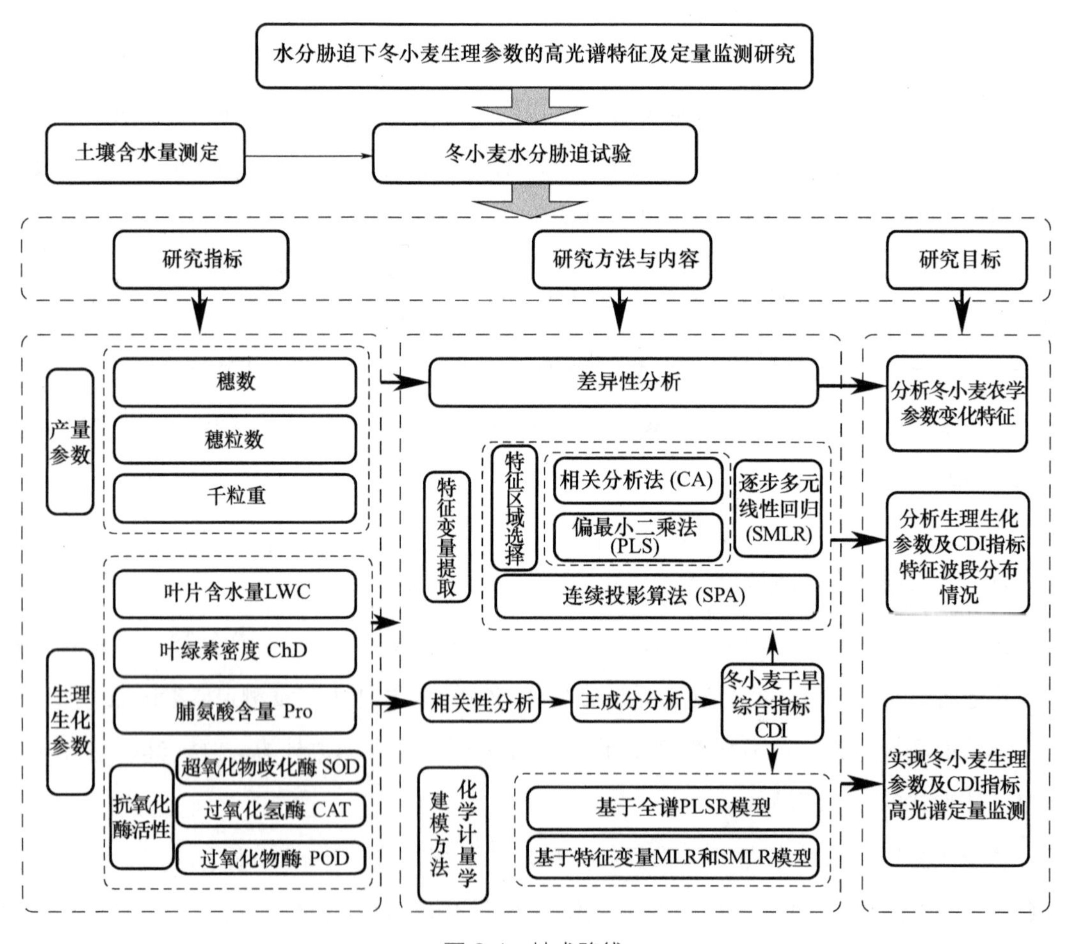


图3.1 技术路线

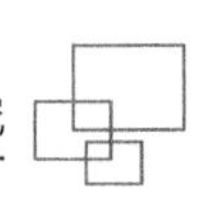

## 3.4　冬小麦生理指标特征分析

干旱灾害一直被认为是限制冬小麦正常生长发育的重要非生物胁迫。干旱灾害的发生会造成冬小麦的品质下降及产量损失。对于其造成原因和机理一直都是众多学者研究的热点。通过不同的途径和研究方法，探究灾害发生的原因和机理是应当关注的重点问题。

首先，许多关于植物对水分胁迫的研究是基于农业生产、环境和资源，并结合土壤和大气、水的宏观物理变化进行的（柴守玺，2001；Hsiao，1973）。冬小麦干旱胁迫发生后，植株体内会发生不同程度的失水现象，叶片及植株的含水量是表现最直观的生理指标，在一定程度上可以很好地反映冬小麦胁迫后的水分的分布和利用状况。失水严重时会导致植株个体新陈代谢速率降低甚至停止。所以对植物生理和代谢方面进行深入研究，是冬小麦灾损成因及机理研究的前提和基础。当然，冬小麦的品质降低和产量大面积损失是干旱胁迫后最直接的表现，但除了产量之外，还有哪些参数可以明确作为小麦抗旱评估的合适指标尚不清楚（Ritchie et al.，1990）。

Schonfeld 等（1988）在 Stillwater 进行了田间试验，测定了不同生育时期冬小麦叶片水势（WP）、溶质势（SP）、膨压势（TP）、相对含水量（RWC），以确定冬小麦潜在的抗旱性参数及其遗传特性。王纪华等（2001，2008）通过设定不同灌溉量处理，研究了叶片含水量（LWC）与土壤含水量的变化关系，表明叶片水分状况在一定程度上对叶片形态、生理指标及功能具有很大影响。进而，胁迫后的冬小麦水分含量及利用效率发生变化后，会影响到冬小麦的光合和呼吸作用，导致冬小麦叶绿素发生明显改变，而叶绿素只是针对植株个体所引起的变化，叶绿素密度是评价作物潜在光合效率和营养胁迫的重要指标（Wang et al.，2011）。

近年来有学者认为，植物受到胁迫时，植物体内游离脯氨酸（Pro）作为一种关键的渗透调节物质，可以起到稳定生物大分子结构和功能的作用（彭立新 等，2002），脯氨酸在水分胁迫下比其他氨基酸增长快，被认为是灌溉调度和抗旱品种选择的评价参数（Bates et al.，1973）。伴随着冬小麦失水现象的发生，冬小麦生物膜透性会发生改变，抗氧化物酶中超氧化物歧化酶（SOD）、过氧化氢酶（CAT）和过氧化物酶（POD）都会对植物抵御逆境而对植株产生的破坏起到一定的防御作用，从而减轻活性氧对质膜的伤害。

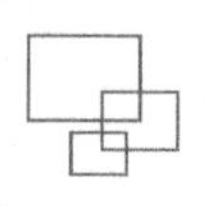


SOD 普遍存在于动、植物体内，是一种清除超氧阴离子自由基的酶，Bowler 等（1992）系统地研究了 SOD 对植物逆境发生后的防御机制和机理，并对其在生物基因工程方面的重要作用进行了分析。Luna 等（2004）研究了小麦干旱胁迫后 CAT 与过氧化氢（$H_2O_2$）的关系，发现在严重干旱条件下，叶片 $H_2O_2$ 含量增加，CAT 活性增强，CAT 存在于植物的所有组织中，其活性与植物的代谢和抗逆性相关（李合生 等，2000）。POD 在植物体内分布十分广泛，其参加多种生理生化反应，许多研究曾经报道它与植物的抗旱性相关性较强（Csiszár，2008；Zhang et al.，1994）。

冬小麦水分缺失后生理指标变化规律一般采用传统试验方法获取，如何有效利用高光谱技术实现相关指标快速、无损及精准测定，Jin 等（2013）利用灰度关联分析（GRA）进行特征变量选择，并利用 PLS 方法进行了回归模型的构建，认为光谱反射率对冬小麦叶片含水量进行监测是可行的。Zhang 等（2013）通过分析不同作物 ChD 与植被光谱指数的波段相关性，探讨不同组分对作物 ChD 反演的影响，发现当光谱信息来自植被和土壤混合冠层时，ChD 的敏感波段分布在红光和近红外波段。孙光明等（2010）曾利用近红外光谱技术对除草剂胁迫后油菜叶片的 Pro 含量进行检测，通过不同的光谱预处理方法实现 PLS 模型的构建，并且认为偏最小二乘 - 支持向量机预测效果最好。

邹强（2012）通过化学测定和预测模型的建立，分析了 $Cu^{2+}$ 胁迫对番茄叶片中抗氧化酶活性的影响，实现了 CAT、POD 和 SOD 酶活性的快速测定。刘婷婷（2015）通过低温胁迫处理，对不同生育时期功能叶 SOD、POD 以及丙二醛（MDA）的生理活性变化规律进行探索，通过多元回归进行冬小麦生理活性监测模型的构建，认为高光谱可以运用于冬小麦胁迫后抗氧化酶活性的测定。虽然了解到已经有很多研究利用光谱技术进行不同植物生理指标测定，但是利用光谱技术实现水分胁迫后冬小麦生理指标尤其是 Pro 含量及抗氧化酶活性的定量监测研究较少。

通过对干旱灾害发生的模拟，本章基于 2017—2019 年冬小麦不同梯度的水分处理试验结果展开研究。通过对产量参数和生理指标的测定，研究不同水分胁迫处理后产量表现，进而分析不同水分处理生理指标的差异性及变化特征。分析冠层光谱反射率不同区域变化规律，并与所测定生理指标进行相关性分析，探究冠层光谱反射率与生理指标之间的响应关系。为后文利用高光谱技术实现对水分胁迫后冬小麦生理指标的快速、无损的定量监测奠定了研究基础。

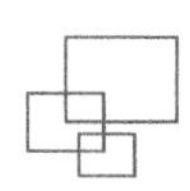

## 3.4.1 水分胁迫后冬小麦产量及构成要素变化特征及差异性分析

伴随着干旱灾害的发生，冬小麦的产量和品质都会发生一定程度的下降，2017—2018 年和 2018—2019 年在冬小麦的成熟期进行了产量及其构成要素（穗数、穗粒数和千粒重）的测定，结果如图 3.2 所示。

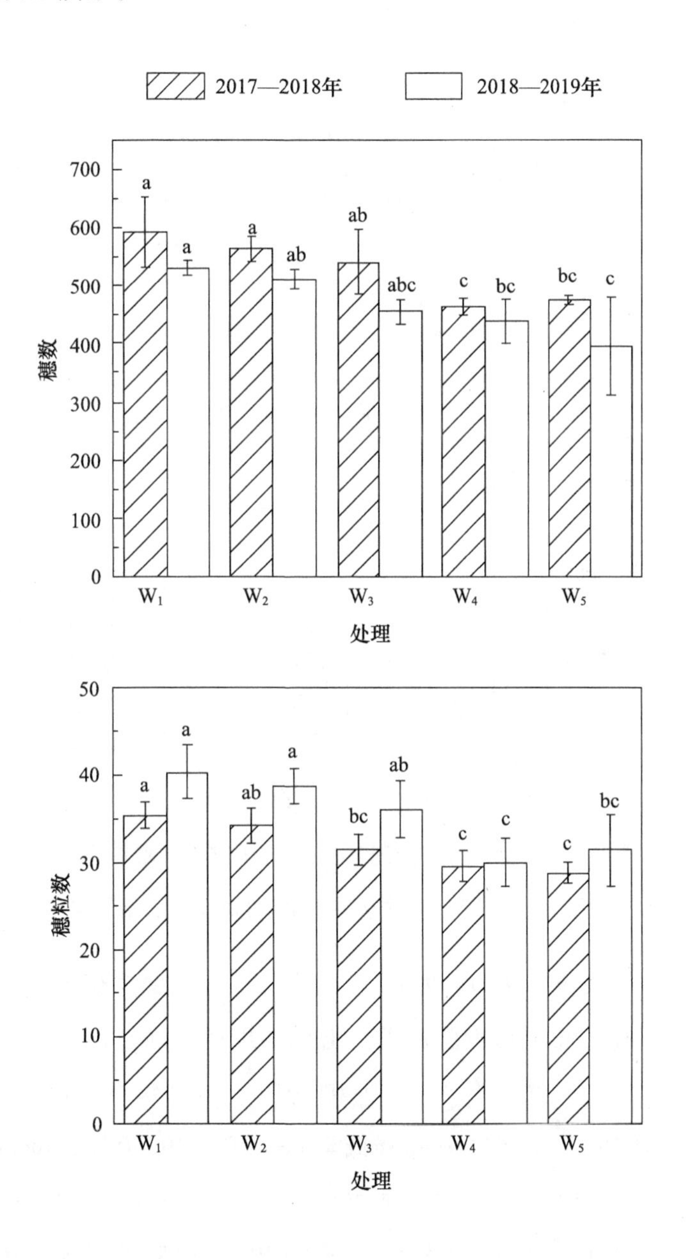

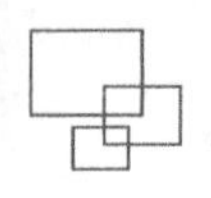

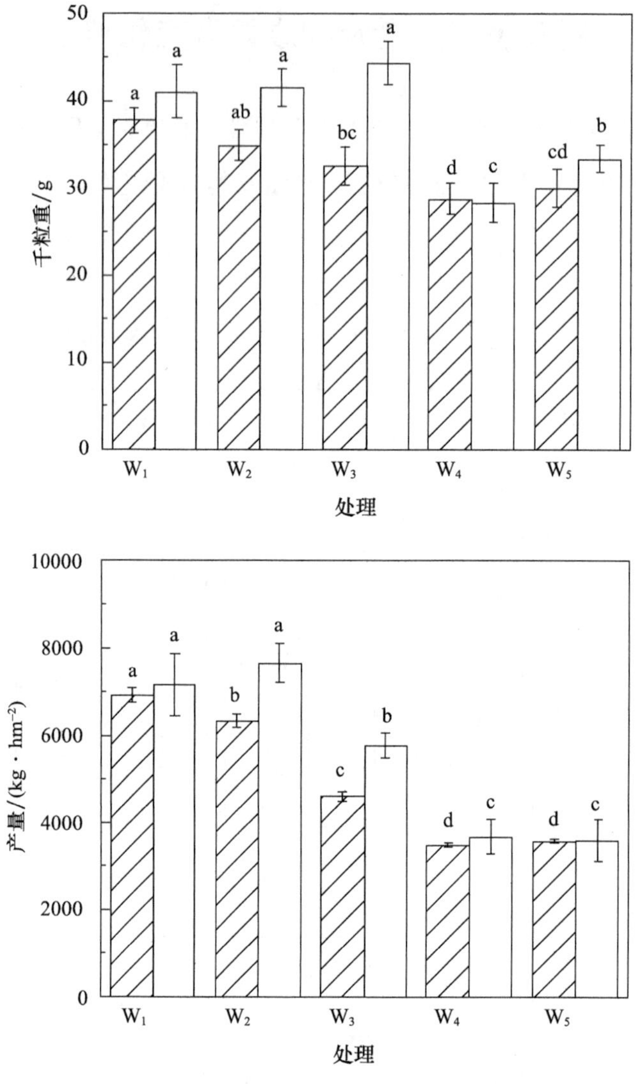


图 3.2　不同水分胁迫处理冬小麦产量及构成要素差异性分析

（a、b、c、d 代表在 0.05 显著性水平下的差异性分析结果，下同）

从两个生长周期来看，2017—2018 年试验每平方米穗数整体高于 2018—2019 年，并且不同处理之间随着胁迫程度的加深，出现了规律性降低现象，但降低情况不明显且差异性不显著。2017—2018 年 $W_4$ 处理和 2018—2019 年 $W_5$ 处理与对照相比变化较大，分别从每公顷 592 万和 532 万穗降低至 463 万和 395 万穗，降幅达到了 21.778% 和 25.643%；2017—2018 年试验穗粒数整体低于 2018—2019 年，且穗粒数随胁迫程度降低不显著，而 2018—2019 年的 $W_4$ 处理和 $W_5$ 处理降幅明显，分别为 25.785% 和

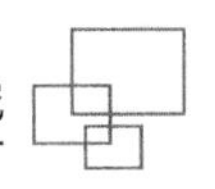

22.314%；两生长周期的冬小麦千粒重相比较，2017—2018 年试验随胁迫程度提高千粒重减小的规律性明显，2018—2019 年试验 $W_1$ 处理、$W_2$ 处理、$W_3$ 处理千粒重都比较高，并且在干旱（$W_3$）处理水平下达到了最大值 44.240 g，重度干旱（$W_4$）处理水平下为最小值 28.267 g；从产量差异性分析图中发现，2017—2018 年冬小麦产量随着胁迫程度的提高，除 $W_5$ 处理外产量出现了规律性降低现象，而 2018—2019 年轻度干旱（$W_2$）处理产量高于对照（$W_1$），达到了 7655 kg · $hm^{-2}$，相比对照组增产 7.176%，可能与适度的干旱锻炼可以在一定程度上提高冬小麦产量有关。

## 3.4.2 冬小麦生理指标变化特征及差异性分析

### 3.4.2.1 冬小麦叶片含水量（LWC）变化特征及差异性分析

LWC 是表征水分胁迫后叶片生理特性的重要指标。图 3.3 为水分胁迫下冬小麦叶片含水量变化特征及差异性分析。

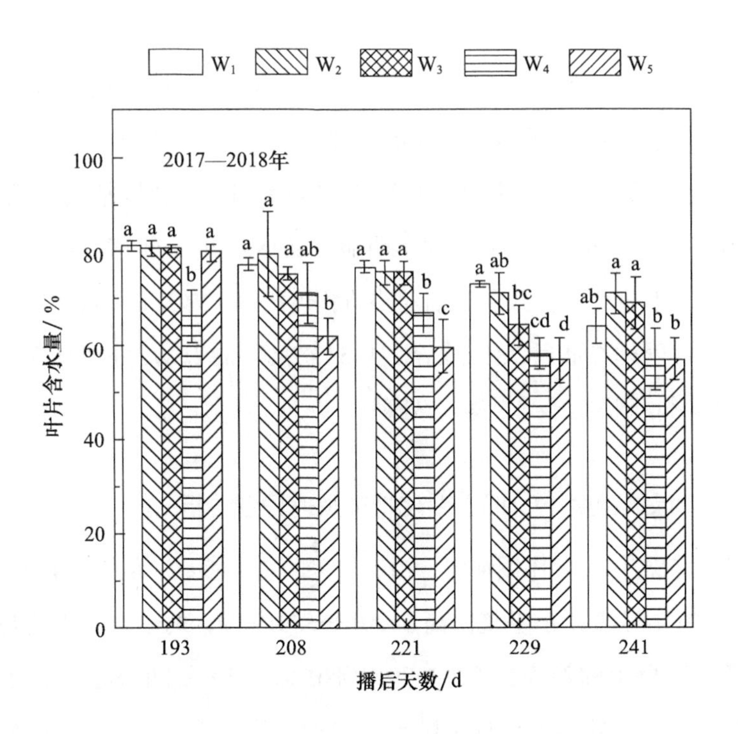

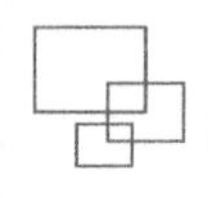

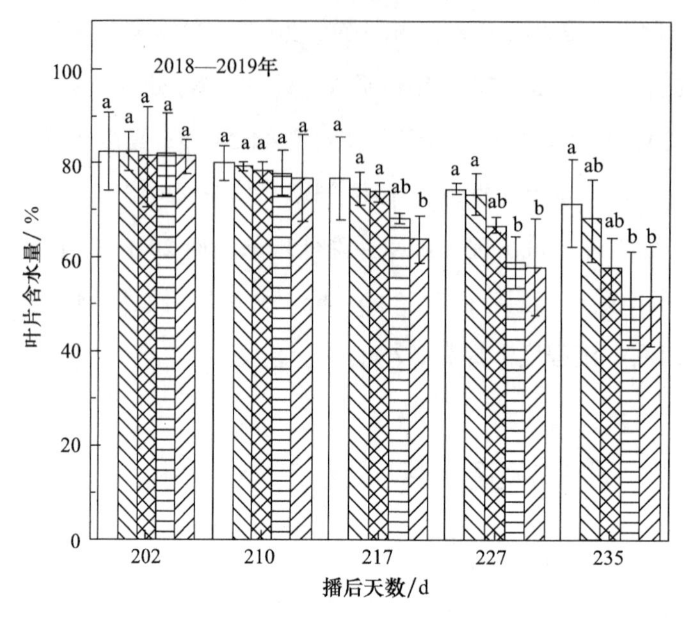


图 3.3　2017—2019 年不同播后天数冬小麦 LWC 变化特征及差异性分析

从图中可以看出，拔节期（播后 193 d，202 d）各处理基本没有差异性。2017—2018 年播后 193 d LWC 对照组（$W_1$）为 81.29%，均高于同时期其他水分胁迫处理，后随播后天数的增加逐渐降低，相比播后 241 d 降低了 17.17%，$W_5$ 处理则在播后 208 d 就降低了 17.64%，随后下降幅度减小，到播后 241 d，下降至 57.14%，整体变化趋势除 $W_3$ 处理外，其他处理均随播后天数增加逐渐降低，但下降趋势不明显。相同播后天数，LWC 与胁迫程度负相关，但播后 193 d 和 241 d 规律不明显；2018—2019 年试验中除生育前期（播后 202 d，210 d）差异不显著外，其余时期随胁迫程度提高 LWC 下降规律明显，且大部分处理差异性显著，$W_4$ 处理在播后 235 d LWC 为 51.42%，低于 $W_5$ 处理且降至最低值，重度干旱（$W_4$）处理略低于极度干旱（$W_5$）处理。

### 3.4.2.2　冬小麦叶绿素密度（ChD）变化特征及差异性分析

ChD 是反映植被群体光合作用强弱、植被长势的重要参数。从图 3.4 可以看出，2017—2018 年试验同生育时期 ChD 水平整体高于 2018—2019 年，两个生长周期基本随着播后天数的增加呈先升高后降低的趋势。2017—2018 年在播后 193 d 随胁迫程度变化规律不明显。208 d 除极度干旱（$W_5$）处理外出现了随着胁迫的提高而 ChD 逐渐降低趋势，播后 221 d 符合此变化规律，播后 229 d 和 241 d 轻度干旱（$W_2$）处理的 ChD 分别为 3.677 $g \cdot m^{-2}$ 和 2.742 $g \cdot m^{-2}$，与规律表现不同，出现了轻度干旱水平高于对照情况（$W_2$ 处理的 ChD 大于

$W_1$ 的 ChD）；2018—2019 年试验播后 202 d 差异性不显著。播后 201 d 表现为 $W_1$ 和 $W_2$ 处理的 ChD 相对较高，而 $W_3$、$W_4$ 和 $W_5$ 处理的 ChD 较低且三个处理基本没有明显差异，与拔节期相比，变化幅度较小。ChD 在播后 217 d 所有处理均达到最大值，随后开始有降低趋势。在播后 217 d 和播后 227 d，均为 $ChD_{W_1} > ChD_{W_2} > ChD_{W_3} > ChD_{W_5} > ChD_{W_4}$，两个时期的极度干旱（$W_5$）处理高于重度干旱（$W_4$）处理，不符合整体变化趋势，而在播后 235 d 变化规律明显且差异性比较显著，$W_5$ 处理的 ChD 比对照组（$W_1$）下降了 1.810 g · $m^{-2}$。

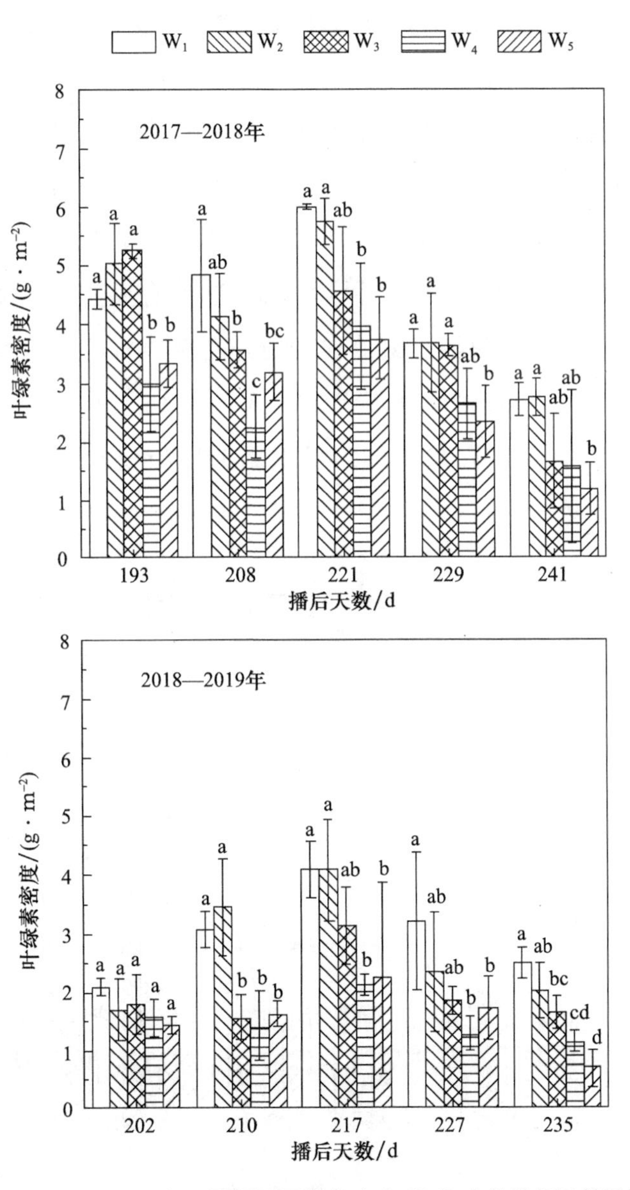


图 3.4　2017—2019 年不同播后天数冬小麦 ChD 变化特征及差异性分析

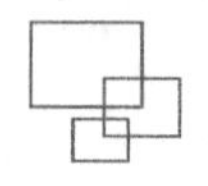



### 3.4.2.3 冬小麦脯氨酸（Pro）含量变化特征及差异性分析

植株在正常生长环境条件下 Pro 含量非常低，但是如果受到胁迫后，Pro 会在植株体内大量累积。如图 3.5 为测定冬小麦鲜叶中 Pro 含量差异性表现。从图中可以发现两个生长周期内的水分胁迫初期（拔节至抽穗期）Pro 含量均处于较低状态，但在抽穗期（播后 221 d，217 d）后会发生大幅度的累积升高现象。2017—2018 年试验中播后 193 d、229 d、241 d 随着胁迫程度的提高 Pro 含量基本呈逐渐升高趋势，但其中 $W_5$ 处理的 Pro 含量均低于 $W_4$ 处理的，不符合此规律，播后 221 d 差异性不显著。在播后 229 d 的 Pro 含量相比 221 d 出现了大幅度升高现象，且 $W_4$ 处理的 Pro 含量达到了本生育周期的最大值 1.076 mg · $g^{-1}$ FW，相比播后 221 d $W_4$ 处理的增加了 0.607 mg · $g^{-1}$ FW，增幅为 129.360%。此后，Pro 含量又出现了较大幅的下降。在 2018—2019 年试验中除播后 202 d、播后 210 d 随水分胁迫变化规律不明显外，其余所有时期的 Pro 含量基本为随着胁迫程度的升高而升高，呈正相关且差异性显著。与第一生长周期试验不同的规律是随着播后天数增加，基本至播后 235 d Pro 含量还持续增长，且播后 235 d $W_4$ 处理的为最大值 1.357 mg · $g^{-1}$ FW，比 $W_1$ 处理的高 1.069 mg · $g^{-1}$ FW。

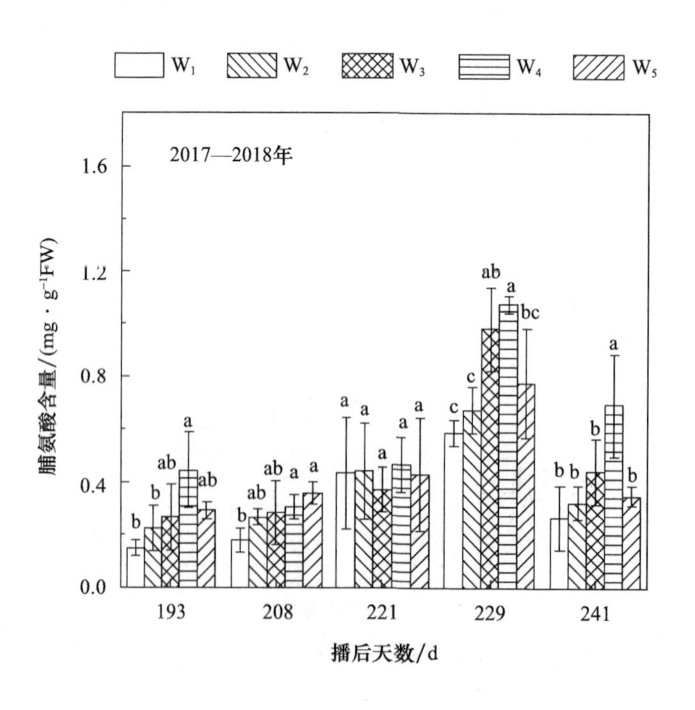

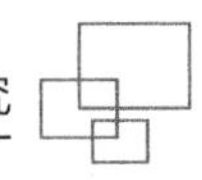

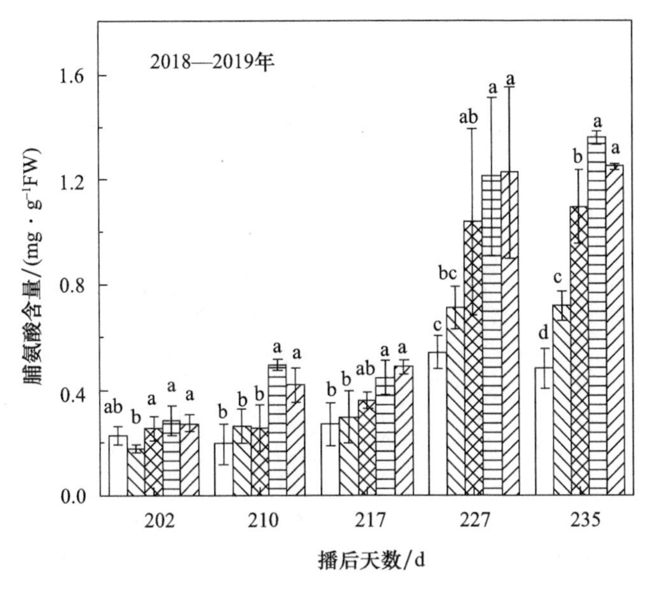


图 3.5　2017—2019 年不同播后天数冬小麦 Pro 含量变化特征及差异性分析

### 3.4.2.4　冬小麦抗氧化酶（SOD、CAT、POD）活性变化特征及差异性分析

通过对水分胁迫后各生育时期的抗氧化酶活性变化规律分析，可以得知植物体内的代谢及抗逆性变化。如图 3.6 为水分胁迫处理下 SOD、CAT 及 POD 三种酶活性的表现。

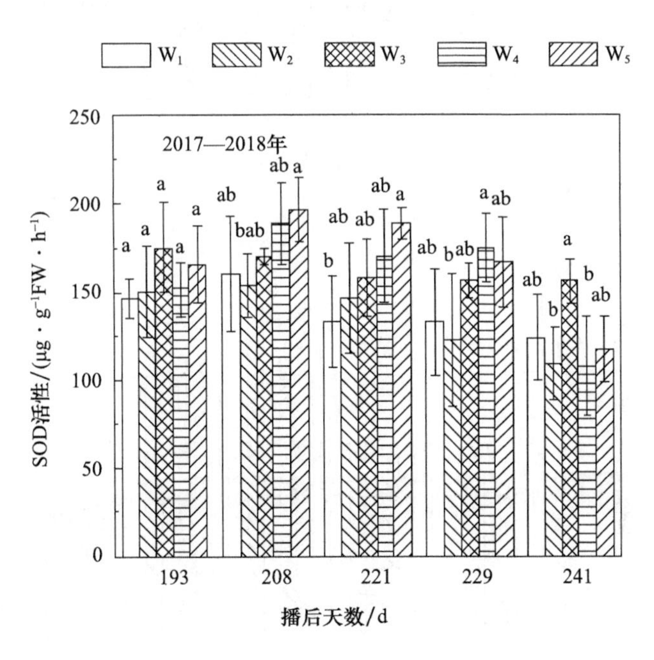

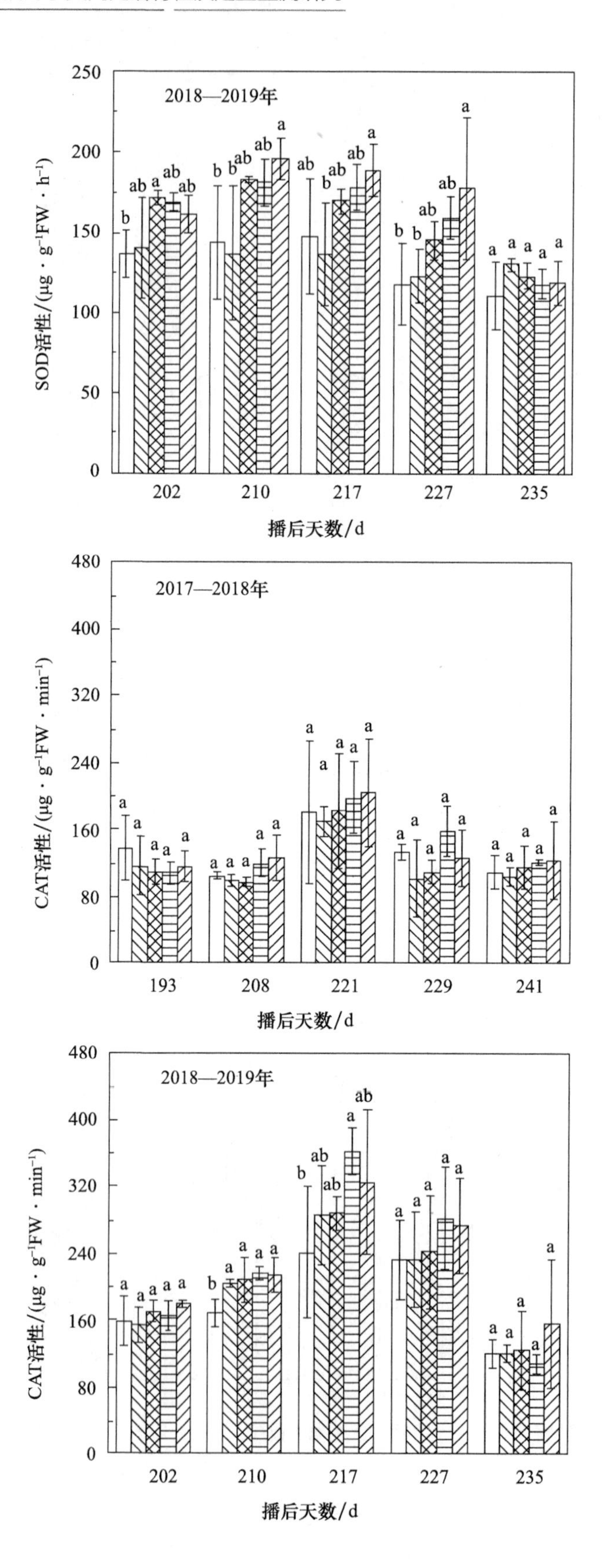
2018—2019年
SOD活性/(μg · g⁻¹FW · h⁻¹)
播后天数/d
202
210
217
227
235
2017—2018年
CAT活性/(μg · g⁻¹FW · min⁻¹)
193
208
221
229
241
2018—2019年
CAT活性/(μg · g⁻¹FW · min⁻¹)

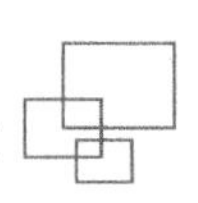

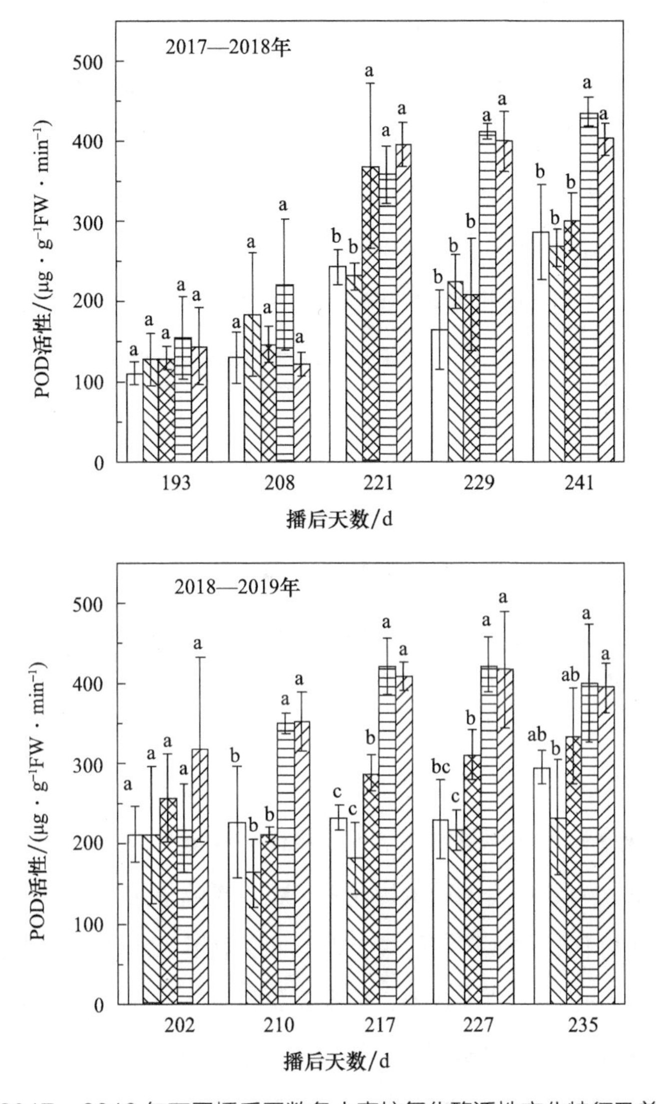


图 3.6　2017—2019 年不同播后天数冬小麦抗氧化酶活性变化特征及差异性分析

两个生长周期的 SOD 活性最大值基本都出现在孕穗期（播后 193 d，202 d），但随着生育时期的推进变化不明显，仅在生育后期出现了小幅度的下降。不同水分处理间变化较大，2017—2018 年播后 221 d 和 2018—2019 年播后 227 d 规律比较明显，SOD 活性与胁迫程度均为正相关关系。两个生长周期的拔节期（播后 193 d，202 d）和灌浆期（播后 241 d，235 d）均无特定变化规律，差异性不显著。

CAT 活性在两个生长周期内的变化随着播后天数的增加，基本呈现先升高、后下降的趋势（抽穗至开花期左右开始下降），但相同时期不同胁迫处理差异性不显著，且在 2017—2018 年的试验中完全没有差异。在 2018—2019 年试验中仅在播后 210 d、217 d

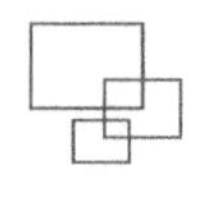


处理间有一定的差异性，其中播后 217 d 重度干旱（$W_4$）处理的达到了最大值 363.4074 u·$g^{-1}$FW·$min^{-1}$，比 $W_1$ 处理的增加了 120.593 u·$g^{-1}$FW·$min^{-1}$，但是其余时期活性提高不明显。

POD 活性则表现为随着播后天数的增加，基本处于增长的趋势，在拔节期（播后 193 d，202 d）活性最低，灌浆期（播后 241 d，235 d）达到了最大活性。2017—2018 年试验中除播后 193 d、208 d 处理间差异性不显著，其余天数差异性都相对显著，从 208 d 到 221 d 出现大幅增加以后变为缓慢增加趋势。2018—2019 变化规律基本符合 2017—2018 年变化规律，但是所有生育时期的 $W_2$ 处理的 POD 活性均低于 $W_1$ 处理的。

## 3.4.3 讨论

以两个生长周期的冬小麦水分胁迫试验研究为基础，分析了不同生长周期冬小麦生理指标在生育期内的变化特征及差异性，通过对不同冬小麦冠层光谱与生理指标的相关性分析，探究利用光谱技术表征水分胁迫后冬小麦生理指标的可行性。

首先，产量的降低和品质的下降是作物受灾后最根本的表现（Yongkai et al.，2020）。通过对产量及其构成要素的分析，发现随着胁迫程度的提高，冬小麦的产量基本呈逐渐降低的趋势，产量构成中穗数和穗粒数均呈现了规律性降低，但是表现不明显，千粒重的变化幅度最大，说明胁迫对冬小麦的产量构成中千粒重影响最大，许多研究结果表明，开花后缺水会导致千粒重降低，造成严重的减产现象（李冠甲，2012；Plaut et al.，2004）。

水分胁迫会使冬小麦发生缺水现象，缺水现象的发生导致了冬小麦细胞膜透性发生变化，严重时会由于失水引起细胞破裂，冬小麦细胞膜透性会随着 LWC 下降而增大，两者呈高度负相关（吕庆 等，1996），本研究中 LWC 随播后天数仅有较小的变化，在拔节期至孕穗期差异性不大，且在开花期以前均处于一个较高水平，伴随着生育时期的推进，出现了较小幅度的降低情况，但是随着胁迫处理程度变化规律明显；为了有效应对胁迫自身带来的伤害，叶绿素含量在胁迫后会根据胁迫程度做出变化，从而达到调整植株的光合与呼吸作用，以减少自身代谢的速率（张秋英 等，2005），ChD 表现为 2017—2018 年整体高于 2018—2019 年，两个生长周期 ChD 随播后天数的增加，均呈现先增高后降低的趋势，且 2018—2019 年较 2017—2018 年规律明显，基本在开花期（播后 217 d）达到最高，随后开始呈现下降趋势；Pro 含量作为胁迫发生后重要的渗透调节物质（Keyvan，2010），表现为胁迫前期含量非常低，但是随着播后天数的增加出现了快速且大幅的升高；在抗氧化酶

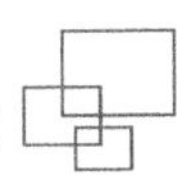

SOD、CAT 和 POD 活性测定分析过程中，不同水分胁迫处理下 SOD 出现了随胁迫程度的加深逐渐降低的规律，但是随着生育时期的变化，SOD 活性变化规律不明显。有研究（王晨阳 等，1996）发现，冬小麦生育后期（灌浆扬花期）SOD 活性会降低，本研究显示，在抽穗期（播后 210 d 左右）SOD 活性已经有了一定程度的降低，在灌浆期降幅变大，导致降低时间提前可能与冬小麦品种抗旱特性及胁迫严重程度有一定的关系；而 CAT 活性随播后天数变化规律为前期先出现较慢的增加，后期又逐渐减弱的变化趋势；SOD、CAT 和 POD 相比较，POD 活性对冬小麦的水分胁迫响应最敏感，基本在孕穗期（播后 220 d 左右）出现了大幅度的升高，并且符合水分胁迫越严重、POD 活性越高的变化规律。

通过对水分胁迫下冠层光谱反射率曲线趋势的分析可以看出，水分处理后的冬小麦反射率曲线基本符合绿色植物一般规律，并且不同胁迫处理和不同生育时期反射率呈现了规律性的变化，说明在水分胁迫后冠层光谱反射率与冬小麦指标的变化是敏感响应的。通过对冬小麦生理指标和冠层光谱反射率的相关性分析，发现 LWC、ChD、Pro、POD 与冠层光谱反射率相关性达到了显著水平，SOD 和 CAT 与冠层光谱反射率之间相关性较低，但是与部分范围波段（近红外高反射率平台）具有一定的相关性。

### 3.4.4　小结

不同水分胁迫处理下，产量基本符合随着胁迫程度的提高逐渐降低的规律，产量构成要素中千粒重表现最明显。生理指标中，LWC 在拔节期至孕穗期差异性不大，在开花期均处于相对稳定的较高水平，随着生育时期的推进，出现了较小的降低。ChD 表现为 2017—2018 年整体高于 2018—2019 年，2018—2019 年随生育时期推进，表现为先增加后在开花期开始逐渐下降。Pro 含量在播后前期含量非常低，在开花期提高至较高水平。抗氧化酶活性中，SOD 活性随生育时期变化不明显，CAT 出现较小程度增高后逐渐降低。而 POD 随生育时期推进，一直到灌浆期基本呈增长趋势。在相同播后天数随水分处理的提高，逐渐升高的生理指标有 Pro、SOD、CAT 和 POD，逐渐降低的生理指标有 LWC 和 ChD。

不同水分胁迫处理下，冬小麦冠层光谱反射率与胁迫处理响应敏感，在可见光、“红边”及近红外区域发生了明显的规律变化。与生理指标相关性分析认为，SOD 和 CAT 与冠层光谱反射率相关性最差，与 LWC、ChD、Pro 及 POD 整体相关性较高。本研究可以为生理指标高光谱定量监测模型的构建提供可行性依据。

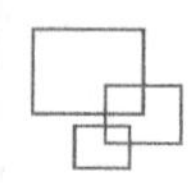

# 3.5 冬小麦冠层光谱反射率变化特征分析

## 3.5.1 不同水分处理冬小麦冠层光谱反射率变化规律

利用高光谱遥感技术快速诊断和监测作物长势状况是实现农业遥感的基础之一，分析冬小麦冠层光谱对不同条件下生理指标的响应与否，是进一步探究作物与冠层光谱反射率之间关系的重要依据。

图 3.7 显示了相同生育时期（孕穗期和开花期）不同水分胁迫处理下的光谱反射率曲线，从图中可以发现，在可见光（Vis）区域（400~680 nm）由于叶绿素对红光的强烈吸收和对绿光的反射造成反射率在 540~560 nm 处出现“绿峰”，在 660~680 nm 出现了“红谷”。在“红边”区域（680~780 nm）反射率出现了急剧抬升现象，并形成了近红外（NIR）区域（780~1350 nm）光谱中的高反射率平台，这一现象符合逆境胁迫后绿色植株冠层光谱反射率基本变化规律。不同光谱范围变化趋势为：2017—2018 年在可见光区域内，播后 208 d $W_2$ 处理反射率最高，$W_1$ 的最低，播后 229 d 为 $W_1$ 的最低，$W_3$ 处理的最高，其余处理规律相对不明显；近红外区域变化规律为，播后 208 d $W_1$ 处理的反射率＞ $W_2$ 处理的反射率＞ $W_3$ 处理的反射率＞ $W_5$ 处理的反射率＞ $W_4$ 处理的反射率，除 $W_5$ 处理外基本与胁迫程度呈负相关。播后 229 d $W_1$ 处理的反射率＞ $W_2$ 处理的反射率＞ $W_4$ 处理的反射率＞ $W_3$ 处理的反射率＞ $W_5$ 处理的反射率，其中除 $W_3$ 处理和 $W_4$ 处理变化不同外，其余处理均符合随着胁迫程度的加深，反射率逐渐降低的规律。2018—2019 年在可见光区域内，两个时期的 $W_1$ 反射率均为最低，而 $W_5$ 处理的均为最高；在近红外区域内，$W_1$ 处理反射率升至最高，$W_5$ 处理的最低，其余处理水平下基本变化规律为，播后 210 d $W_1$ 处理的反射率＞ $W_4$ 处理的反射率＞ $W_2$ 处理的反射率＞ $W_3$ 处理的反射率＞ $W_5$ 处理的反射率，播后 227 d 为 $W_1$ 处理的反射率＞ $W_2$ 处理的反射率＞ $W_3$ 处理的反射率＞ $W_4$ 处理的反射率＞ $W_5$ 处理的反射率。综合比较相同时期不同处理水平反射率基本趋势为，在可见光区域随着胁迫程度的加深，反射率逐渐升高，在近红外区域变化则逐渐降低。在相同播后天数不同水分胁迫处理下，冬小麦冠层光谱反射率的规律性变化明显，表明冬小麦冠层光谱反射率与不同水分胁迫处理敏感响应。

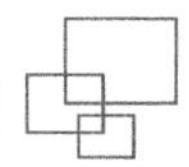

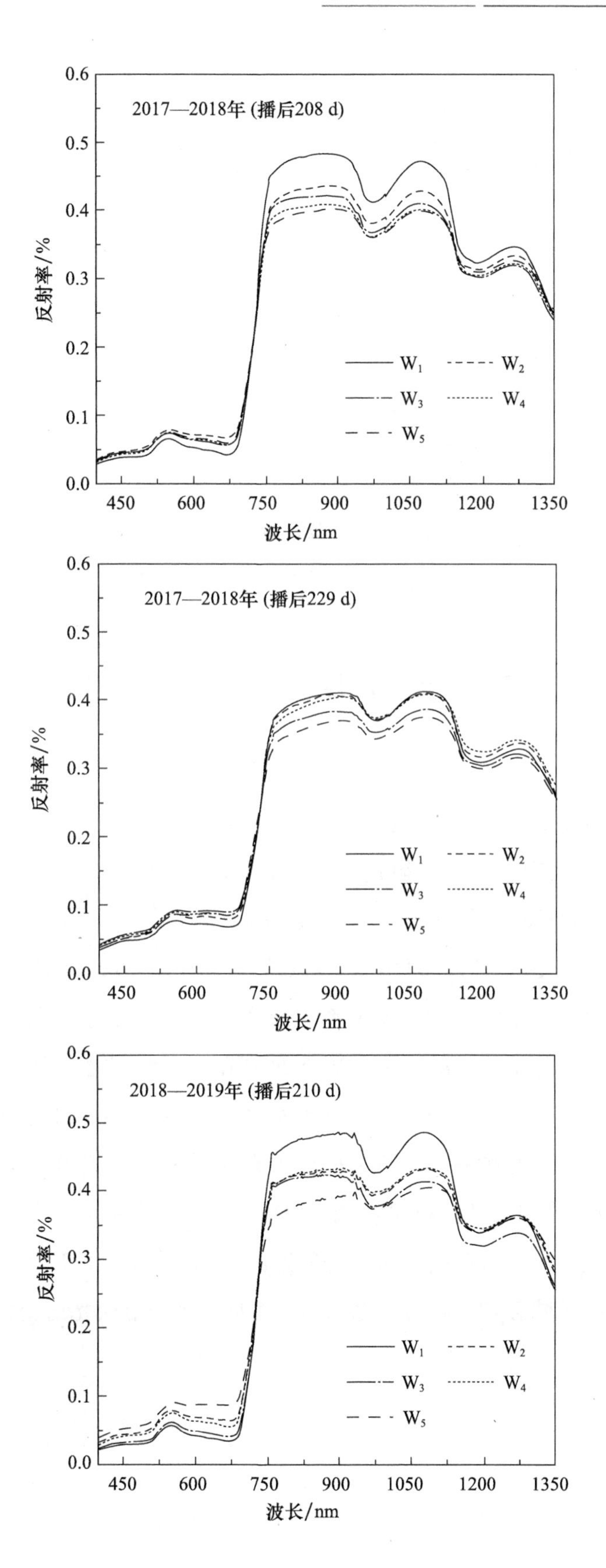
2017—2018年 (播后208 d)
反射率/%
波长/nm
W1 W2 W3 W4 W5
0.6 0.5 0.4 0.3 0.2 0.1 0.0
450 600 750 900 1050 1200 1350
2017—2018年 (播后229 d)
反射率/%
波长/nm
W1 W2 W3 W4 W5
2018—2019年 (播后210 d)
反射率/%
波长/nm
W1 W2 W3 W4 W5

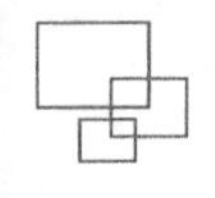


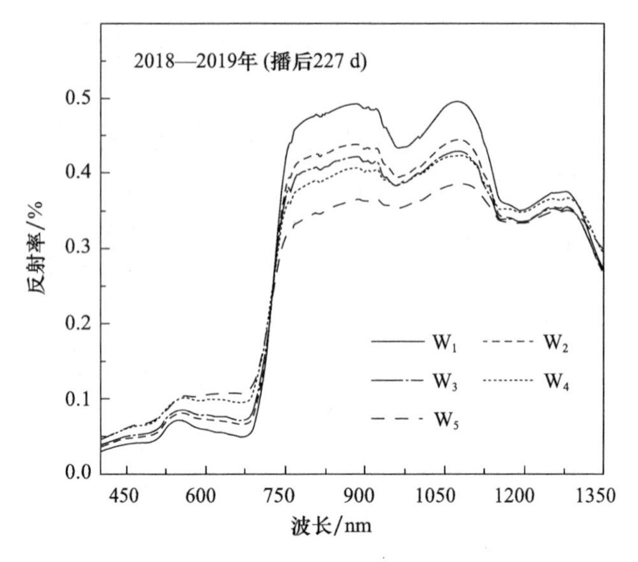


图 3.7　2017—2019 年不同水分处理冬小麦冠层光谱反射率

## 3.5.2　不同生育时期冬小麦冠层光谱反射率变化规律

图 3.8 为两个生长周期相同水分处理（$W_1$ 和 $W_5$）不同播后天数光谱反射率响应曲线。由图可以看出，2017—2018 年试验在可见光区域 $W_1$ 处理水平下播后 241 d 冠层光谱反射率最大，且远远大于其余播后天数。$W_5$ 处理水平下播后 193 d 反射率最低，并且随着播后天数增加逐渐减低；在近红外区域 $W_1$ 处理水平下反射率变化趋势为播后 241 d 的反射率＞ 193 d 的反射率＞ 208 d 的反射率＞ 229 d 的反射率＞ 221 d 的反射率，基本为随播后天数的增加，反射率逐渐降低，在抽穗期（播后 221 d）反射率最低，而播后 241 d 又出现了升高现象。$W_5$ 处理则在该区域随播后天数增加规律不明显。2018—2019 年试验在可见光区域，$W_1$ 处理水平下播后 202 d 反射率最高，播后 210 d 反射率最低。在 $W_5$ 处理水平下，两个播后天数反射率表现相同；在近红外区域，$W_1$ 和 $W_5$ 处理水平下播后 202 d 反射率均处于较低水平，随着播后天数的增加，光谱反射率出现了一定程度的升高后在播后 235 d 降至最低。综合比较发现，随着播后天数的增加，不同的反射率区域会有不同的变化规律，可见冬小麦冠层光谱变化与播后天数是密切相关的。

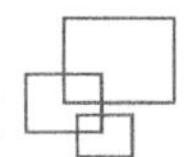

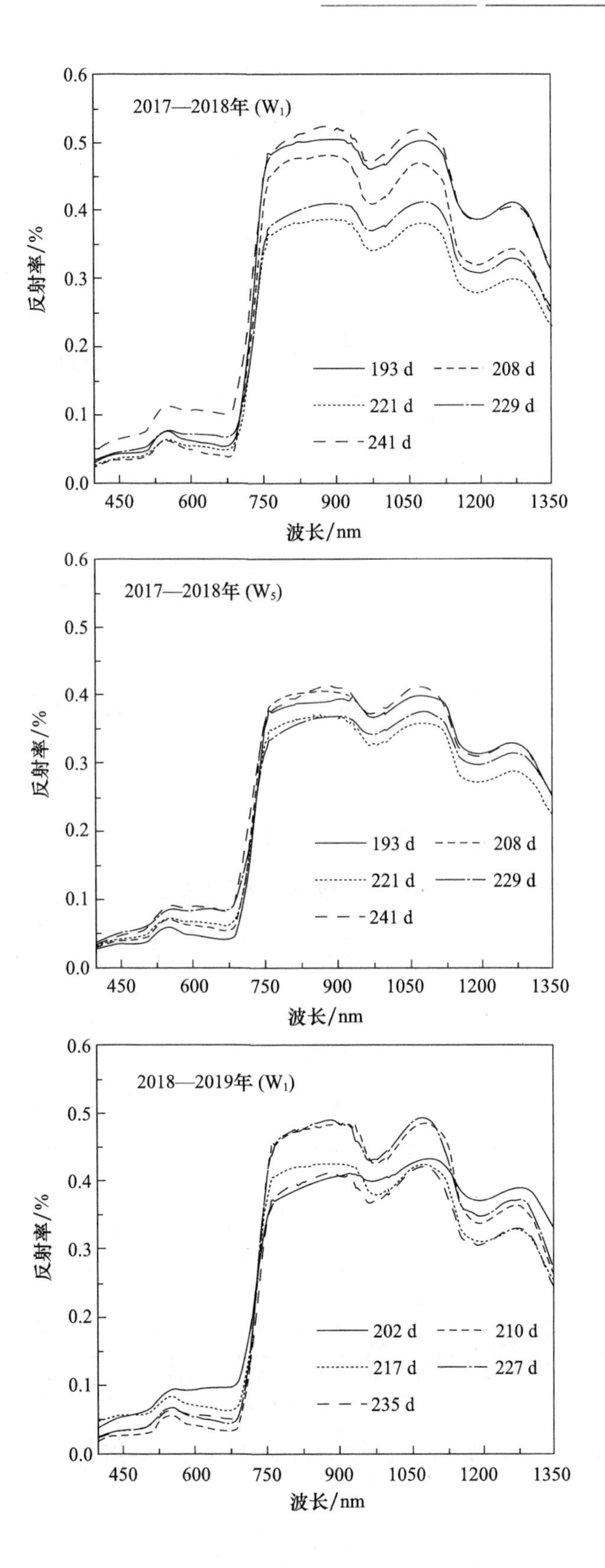
2017—2018年 (W1)
反射率/%
波长/nm
193 d
208 d
221 d
229 d
241 d
2017—2018年 (W5)
反射率/%
波长/nm
193 d
208 d
221 d
229 d
241 d
2018—2019年 (W1)
反射率/%
波长/nm
202 d
210 d
217 d
227 d
235 d

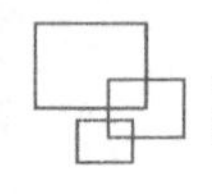

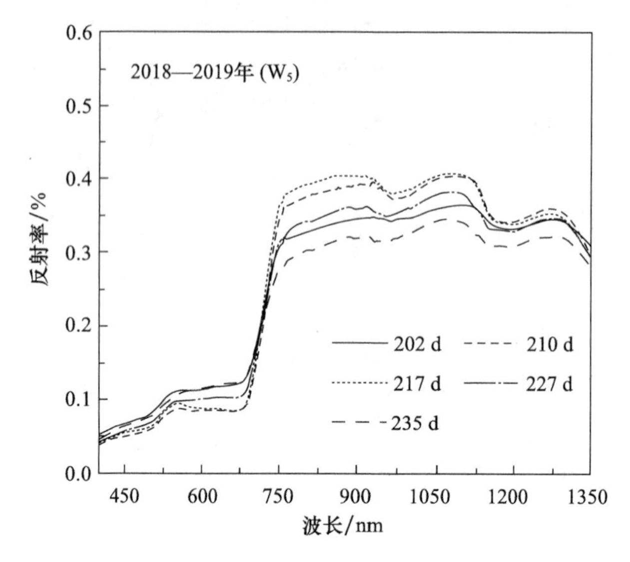


图 3.8　2017—2019 年不同播后天数冬小麦冠层光谱反射率

## 3.6　冬小麦生理指标与冠层光谱相关性分析

基于水分胁迫下冬小麦生理指标的变化规律研究，同冠层光谱反射率进行了相关性分析。图 3.9 为基于样本数量为 150 的水分胁迫后冬小麦生理生化参数与冠层光谱反射率的相关性分析结果，在 0.05 显著性水平上相关系数临界值为 0.160。

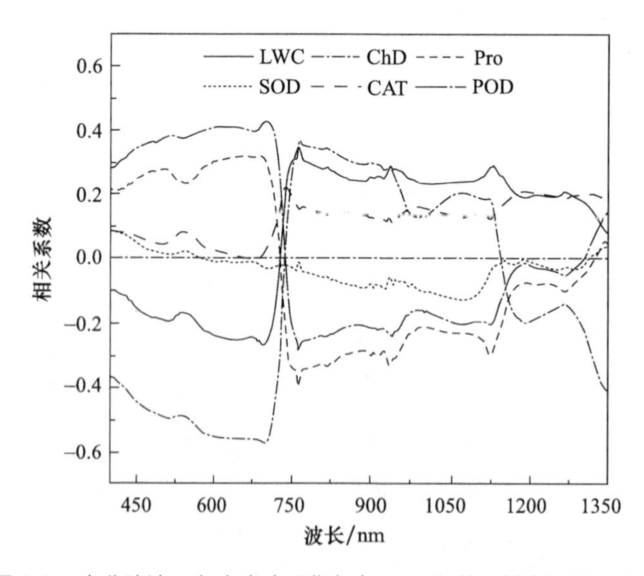


图 3.9　水分胁迫下冬小麦生理指标与冠层光谱反射率相关性分析

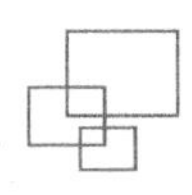

从整体来看，LWC、ChD、Pro 及抗氧化酶活性中的 POD 四个参数与冠层光谱反射率响应敏感，相比较抗氧化酶活性中 SOD 和 CAT 相关系数较低，相关性不显著。在可见光区域的 540~560 nm“绿峰”位置，可以看到不同生理指标与冠层冬小麦光谱反射率的相关性会发生不同程度的波动，在“红边”波段范围内，生理指标的相关系数都会发生大幅度的升高或降低，近红外区域基本处于一个稳定水平后，相关系数变化较小。

从不同生理指标角度来看，LWC 在可见光范围内与冠层光谱反射率呈负相关，且相关系数较大，相关性达到了显著水平。在“红边”波段范围内，LWC 相关系数由开始的显著负相关开始逐渐降低，在 695 nm 波长处达最大值开始急剧下降，727 nm 波长处开始呈现正相关，并且相关系数不断提高，在近红外高反射率平台处达到较高正相关后变化开始逐渐较小；ChD 的相关系数变化与 LWC 基本相同，在可见光范围内呈显著负相关，“红边”范围内在 696 nm 波长处相关系数达到最大值后开始减小，在 736 nm 波长处开始变为正相关，但在 1145 nm 波长处又开始负相关逐渐升高；Pro 与冠层光谱反射率在可见光范围内相关系数均大于相关系数临界值，呈显著正相关，在 726 nm 波长处开始变为负相关，在 761 nm 波长处相关系数达到最大值 –0.397；抗氧化酶活性与冠层光谱反射率的相关系数中，SOD 和 CAT 在可见光波段范围内基本呈正相关，但相关系数较低，在近红外高反射率平台波段范围内有了一定的提升，但是相关系数同样较低。相比较 POD 与冠层光谱反射率相关性较强，在可见光范围内均为正相关，且达到了显著水平，“红边”波段范围开始下降，在 735 nm 波长处变为负相关，且至近红外高反射率平台波段相关性不断升高，随后有缓慢的下降趋势。

## 3.7　冬小麦生理指标特征波段化学计量方法提取及监测模型研究

### 3.7.1　冬小麦生理指标描述性统计分析

基于两个生长季度冬小麦水分胁迫试验，分别将 3 个生理指标的 5 个播后天数数据的 2/3 作为校正集，样本数为 100，剩余 1/3 部分作为验证集，样本数为 50（表 3.2）。

**表 3.2　冬小麦生理指标的描述性统计分析**

| 指标 | 样本设置 | 数量 | 全距 | 最小值 | 最大值 | 平均值 | 标准差 | 偏度 | 峰度 |
|---|---|---|---|---|---|---|---|---|---|
| LWC/% | 校正集 | 100 | 53.329 | 40.098 | 93.427 | 70.913 | 10.038 | −0.461 | 0.017 |
| | 验证集 | 50 | 50.017 | 41.463 | 91.481 | 70.832 | 10.119 | −0.590 | 0.309 |
| ChD/（$g \cdot m^{-2}$） | 校正集 | 100 | 5.856 | 0.345 | 6.200 | 2.852 | 1.396 | 0.510 | −0.511 |
| | 验证集 | 50 | 5.583 | 0.459 | 6.043 | 2.845 | 1.400 | 0.512 | −0.489 |
| Pro/（$mg \cdot g^{-1}FW$） | 校正集 | 100 | 1.430 | 0.118 | 1.548 | 0.513 | 0.334 | 1.306 | 1.002 |
| | 验证集 | 50 | 1.421 | 0.122 | 1.543 | 0.515 | 0.341 | 1.362 | 1.264 |

根据表 3.2 可知，LWC 校正集和验证集的全距分别为 53.329% 和 50.017%，ChD 校正集和验证集的全距分别为 5.856 $g \cdot m^{-2}$ 和 5.583 $g \cdot m^{-2}$，Pro 校正集和验证集的全距分别为 1.430 $mg \cdot g^{-1}$ FW 和 1.421 $mg \cdot g^{-1}$ FW，建模集的全距全部大于验证集的全距，说明建模集分布区间较大。LWC 校正集和验证集的均值分别为 70.913% 和 70.832%，ChD 校正集和验证集的均值分别为 2.852 $g \cdot m^{-2}$ 和 2.845 $g \cdot m^{-2}$，Pro 校正集和验证集的均值分别为 0.513 $mg \cdot g^{-1}$FW 和 0.515 $mg \cdot g^{-1}$ FW，每个指标的建模集和验证集均值差距较小，且接近于最大值与最小值的平均值。从统计学角度来看，由于 0 ＜偏度＜ 1，说明 ChD 和 Pro 含量数据具有正偏态性，而 −1 ＜ LWC 偏度＜ 0，表明 LWC 呈一定的负偏态性，但 3 个生理指标 6 组数据符合 −1 ＜偏度＜ 1，表明可以对冬小麦水分胁迫后 3 个生理指标的校正集和验证集数据进一步进行统计学分析。

## 3.7.2　光谱特征区域选择

### 3.7.2.1　基于 CA 方法特征区域选择

图 3.10 为 LWC、ChD、Pro 与原始冠层光谱反射率的相关系数，两条虚线为 $|r|$=0.1966。当 $|r| \geqslant 0.1966$ 时，生理指标与光谱反射率达到显著相关，以此为提取特征波段范围的依据。通过比较，LWC 入选特征波段范围为 456~716 nm 和 737~1162 nm；ChD 入选特征波段范围为 400~728 nm、741~973 nm、999~1000 nm、1004~1129 nm 和 1309~1350 nm；Pro 入选特征波段范围为 400~717 nm、739~958 nm、1116~1131 nm。

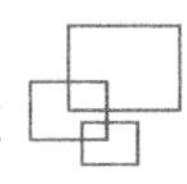

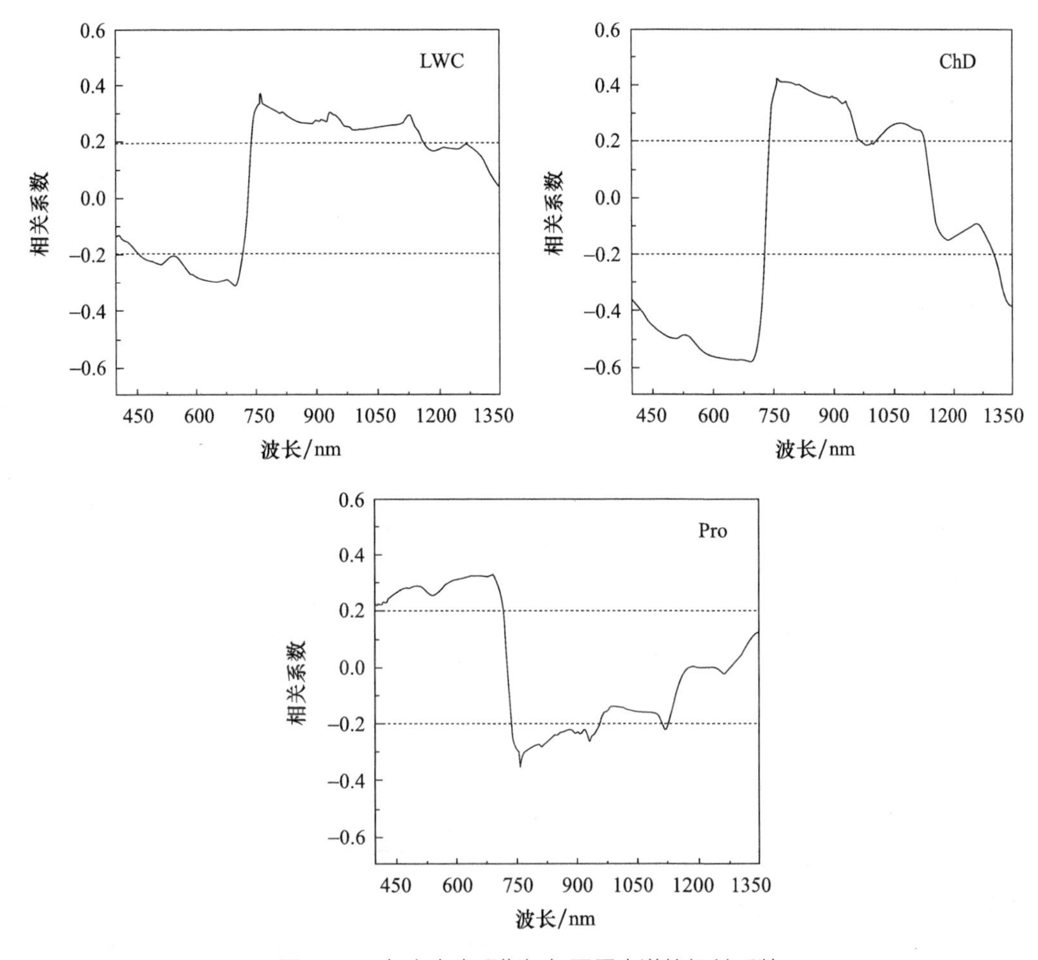


图 3.10　冬小麦生理指标与冠层光谱的相关系数

#### 3.7.2.2　基于 PLS 方法特征区域选择

利用 PLS 分析中的 VIP 和 B-coefficient 系数进行光谱特征区域的选择，如图 3.11 所示。在选择特征波段区域时，选择 VIP ≥ 1 且满足 B-coefficient 绝对值较大的区域。LWC 引入潜在因子个数为 15 个，此时校正集有较好的表现，筛选出 3 个特征波段区域，分别为 736~772 nm、847~887 nm 和 932~941 nm；当 ChD 引入因子数为 14 时，RMSE 达到最小值为 0.8597，所以选择最佳潜在因子个数为 14，进行波段筛选共选出 6 个光谱区域，分别为 400~506 nm、516~749 nm、810~816 nm、1127~1134 nm、1147~1157 nm 和 1178~1197 nm；当 Pro 引入潜在因子个数为 18 时，RMSE 为最低值，共筛选出 4 个特征波段区域，区域分布在 724~774 nm、920~928 nm、1049~1091 nm 和 1104~1106 nm 范围内。

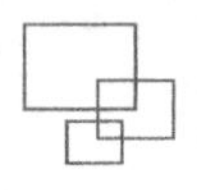


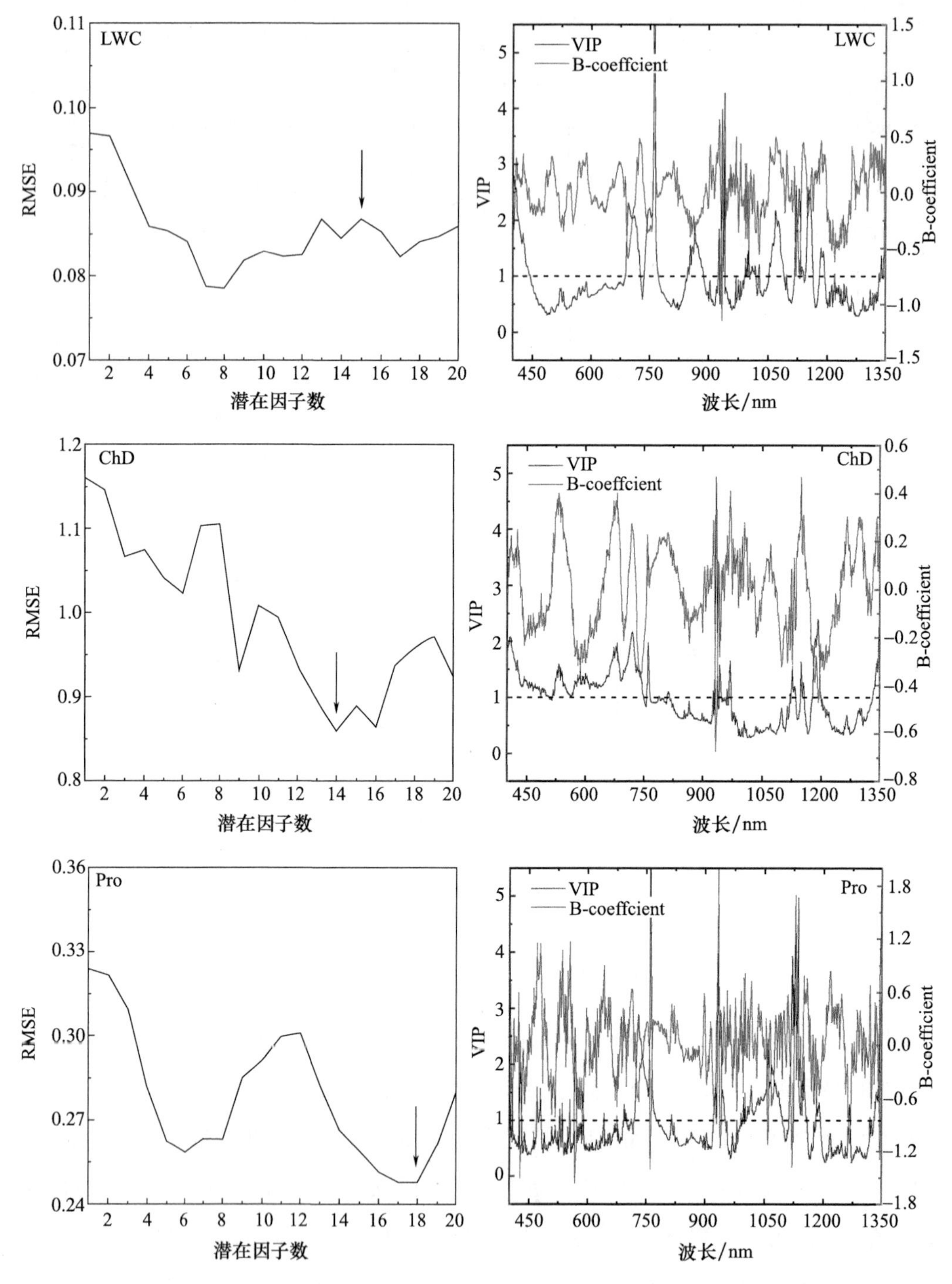


图 3.11　水分胁迫后冬小麦生理指标 PLS 模型的均方根误差及 VIP 和 B-coefficient 表现

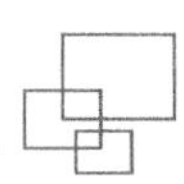

## 3.7.3 光谱特征波段提取

### 3.7.3.1 基于 SMLR 特征波段提取

通过三种特征变量提取方法比较可以看出，利用 CA 方法提取的特征光谱区域比其他方法具有更大的范围，但正是由于光谱区域范围较大，是不利于特征波段下一步提取的，故采用 SMLR 进行特征波段的确定。将基于 CA 方法以及 PLS 的 VIP 参数和 B-coeffcient 系数参数选择的特征区域利用 SMLR 方法进行特征波段的提取，如表 3.3 所示。

**表 3.3　特征波段的提取**

| 指标 | 方法 | 引入波段 /nm | 数量 |
|---|---|---|---|
| LWC | CA+SMLR | 761、853、888、938 | 4 |
| | PLS+SMLR | 761、853、887、938 | 4 |
| ChD | CA+SMLR | 427、434、749、814、969、999、1127、1349 | 8 |
| | PLS+SMLR | 427、434、749、814、936、1129、1148、1156、1190 | 9 |
| Pro | CA+SMLR | 754、761、854 | 3 |
| | PLS+SMLR | 756、761、765、922、956、1067、1105 | 7 |

### 3.7.3.2 基于 SPA 的特征波段提取

利用 SPA 算法提取变量时，光谱反射率存在的冗余和不相关信息往往会使模型复杂化，最终在某些情况下导致预测不准确。当引入的变量太少时，会造成模型预测精度降低，提取的特征波段难以表征全部的因变量信息。相反，引入过多的变量会增加模型的复杂度，因为模型包含更多的自变量信息，而共线性可能会导致模型灵敏度的降低。一般来说，当引入最适的变量个数时，模型预测精度达到较高水平，此时 RMSE 相对较低，当继续引入更多的变量时，模型中因含有更多的自变量信息，预测精度可能会有一定程度的提高，但是由于模型可能出现共线性现象和复杂度提高问题，模型的 RMSE 会增大。当 RMSE 最小时，模型的预测精度最高。因此，引入变量的数量可以参考 RMSE 参数的大小。

图 3.12 显示 LWC 引入变量个数为 17 时，RMSE 最低，提取的特征光谱波段为 439 nm、521 nm、576 nm、760 nm、869 nm、934 nm、939 nm、984 nm、1068 nm、

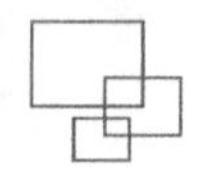


1114 nm、1129 nm、1147 nm、1288 nm、1336 nm 和 1350 nm；当 ChD 引入变量个数为 11、12、13、14 和 15 时，RMSE 开始表现为较稳定的状态，但考虑模型共线性会影响模型的复杂性，我们选择了 11 个变量应用于模型的建立，SPA 总共引入波段 11 个（400 nm、604 nm、680 nm、718 nm、736 nm、760 nm、934 nm、968 nm、1187 nm、1320 nm 和 1350 nm）；而 Pro 引入变量为 16 个时，RMSE 为 0.195 mg · $g^{-1}$ FW，达到了一个相对较低的水平，所以选择变量个数为 16，提取波段分别为 429 nm、471 nm、557 nm、677 nm、706 nm、733 nm、757 nm、760 nm、865 nm、933 nm、939 nm、970 nm、1119 nm、1136 nm、1268 nm 和 1323 nm（特征波段分布如图 3.12 所示）。

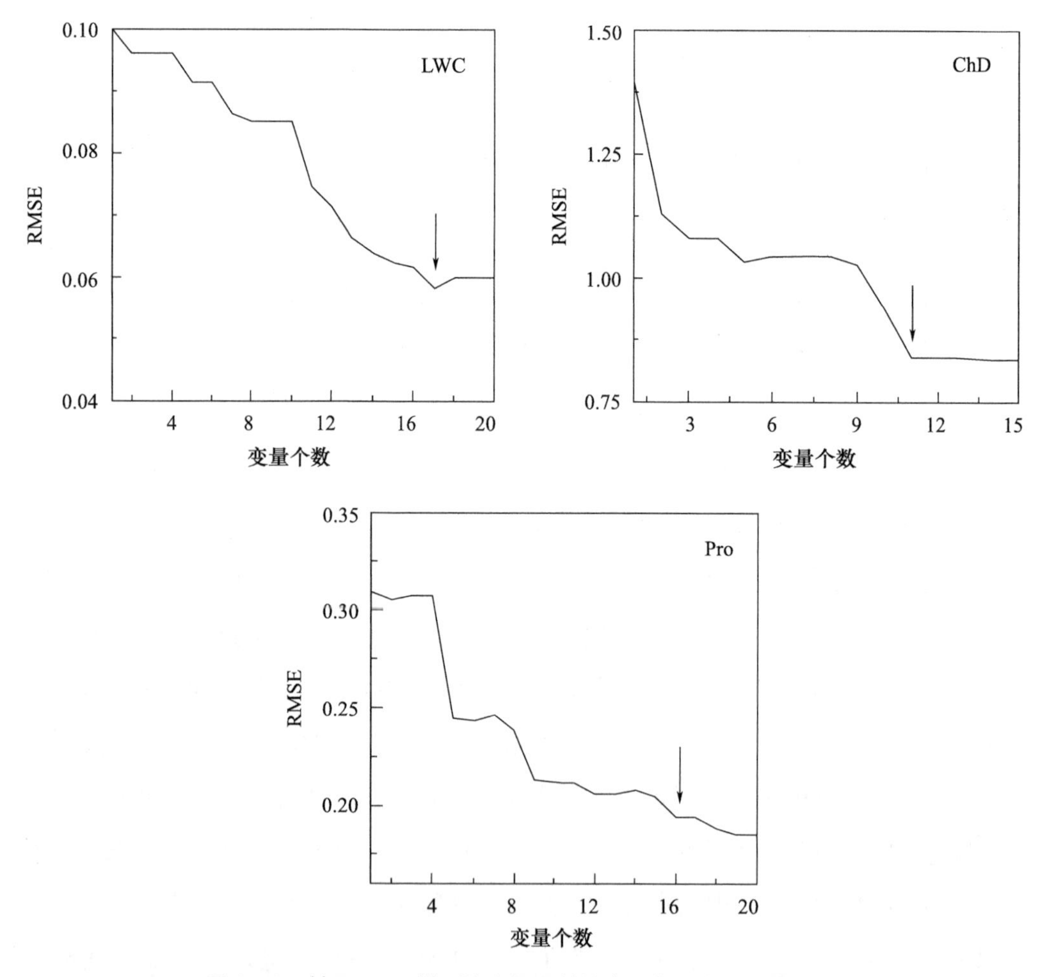


图 3.12　基于 SPA 模型均方根误差的生理指标变量个数选择

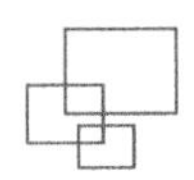

## 3.7.4 特征区域及波段分布分析

图 3.13 显示了冬小麦 LWC、ChD 和 Pro 的特征光谱区域和波段。不同指标利用不同特征获取方法所提取区域和波段在数量和分布范围上有不同。

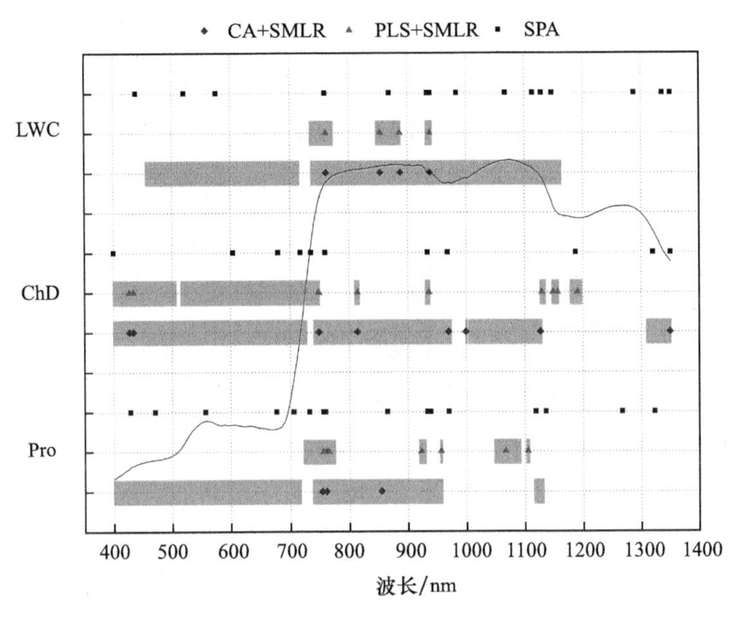


图 3.13　冬小麦生理指标特征光谱区域及波段分布

在 LWC 中，CA 和 PLS 选择区域主要集中在近红外高反射率平台，利用 CA+SMLR 和 PLS+SMLR 进一步提取的特征波段也主要集中在近红外高反射率平台波段区域，利用 SPA 提取的特征波段 760 和 939 nm 波段与 CA+SMLR 和 PLS+SMLR 所提取的波段相近；ChD 在特征区域选择中，400~506 nm、516~680 nm 是相同区域且位于可见光区域，680~728 nm 和 741~749 nm 为相同区域分布在“红边”区域，其余区域较为分散地分布在近红外区域，PLS+SMLR 方法提取的特征波段中 1129 nm、1148 nm、1156 nm 和 1190 nm 主要集中在近红外区域的 1100~1200 nm 范围内，利用 SPA 提取特征波段主要集中在“红边”区域（680 nm、718 nm、736 nm 和 760 nm）；在 Pro 提取特征区域中，虽然 PLS 方法选择的特征区域大部分位于可见光区域，但是通过 SMLR 的进一步提取，未在该区域提取到表征 Pro 的特征波段，然而，利用 SPA 方法提取的特征波段有 4 个（429 nm、471 nm、557 nm 和 677 nm）位于可见光区域，三种特征波段提取方法进行 Pro 提取后，入选波段在“红边”区域分布相对集中，分别占 67%、43% 和 31%。

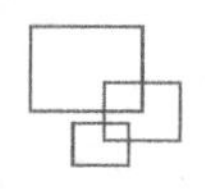



### 3.7.5 冬小麦生理指标模型评价

结合全谱及三种方法提取的特征波段，利用 PLSR、CA+SMLR、PLS+MLR 和 SPA+MLR 构建水分胁迫后冬小麦生理指标估算模型，模型的表现结果如表 3.4 所示。

由表 3.4 可知，LWC、ChD 和 Pro 中，利用 PLSR 建立的模型表现整体优于特征波段建立的模型。LWC 监测模型中，基于 PLSR 方法建立的校正集模型（$R^2$=0.749，RMSEC=4.999，RPD=1.730）和验证集模型（$R^2$=0.601，RMSEP=6.410，RPD=1.270）拟合程度较高，模型质量相对较好，但验证集的 RPD 低于 1.4，模型的准确性有待提高。基于 PLS+SMLR 方法提取的 4 个波段建立的校正集模型（$R^2$=0.569，RMSEC=6.554，RPD=1.148）和验证集模型（$R^2$=0.564，RMSEP=6.885，RPD=1.088）表现最差。

建立的 ChD 模型中，CA+SMLR 校正集模型（$R^2$=0.653，RMSEC=0.818，RPD=1.374）和验证集模型（$R^2$=0.591，RMSEP=0.886，RPD=1.193）的精确性和稳健度较低，对冬小麦 ChD 的估测模型表现最差。基于 PLS+SMLR 与 SPA+MLR 两种方法所构建的 ChD 监测校正集模型有着较好的表现（$R^2$=0.683，RMSEC=0.782，RPD=1.475；$R^2$=0.682，RMSEC=0.783，RPD=1.469），且验证集模型的表现也较为稳定和准确（$R^2$=0.637，RMSEP=0.839，RPD=1.335；$R^2$=0.635，RMSEP=0.842，RPD=1.248）。两种方法相比较，PLS+SMLR 建立的模型是基于 9 个特征波段建立的，少于 SPA+MLR 方法，具有更强的普适性和简洁性。

利用不同方法构建的 Pro 含量监测结果中，PLSR 方法建立的模型（$R^2$=0.845，RMSEC=0.131，RPD=2.540；$R^2$=0.741，RMSEP=0.174，RPD=1.935）表现最好，RMSE 较低，说明模型误差较小，模型预测的准确度较高。但基于 3 个波段建立的 CA+SMLR 模型（$R^2$=0.481，RMSEC=0.239，RPD=0.962；$R^2$=0.504，RMSEP=0.242，RPD=0.868）的拟合程度较低，模型的适用性和稳定性有待进一步提高。

**表 3.4 基于不同建模方法的冬小麦生理指标模型评价**

| 指标 | 建模方法 | 校正集 | | | 验证集 | | | 波段个数 |
|---|---|---|---|---|---|---|---|---|
| | | $R^2$ | RMSEC | RPD | $R^2$ | RMSEP | RPD | |
| LWC | PLSR | **0.749** | **4.999** | **1.730** | **0.601** | **6.410** | **1.270** | 951 |
| | CA+SMLR | 0.569 | 6.554 | 1.150 | 0.565 | 6.885 | 1.082 | 4 |
| | PLS+SMLR | 0.569 | 6.558 | 1.148 | 0.564 | 6.875 | 1.088 | 4 |

续表

| 指标 | 建模方法 | 校正集 | | | 验证集 | | | 波段个数 |
|---|---|---|---|---|---|---|---|---|
| | | $R^2$ | RMSEC | RPD | $R^2$ | RMSEP | RPD | |
| LWC | SPA+MLR | **0.636** | **6.028** | **1.321** | **0.635** | **6.237** | **1.233** | 15 |
| ChD | PLSR | **0.796** | **0.628** | **1.974** | **0.735** | **0.719** | **1.526** | 951 |
| | CA+SMLR | 0.653 | 0.818 | 1.374 | 0.591 | 0.886 | 1.193 | 8 |
| | PLS+SMLR | **0.683** | **0.782** | **1.475** | **0.637** | **0.839** | **1.335** | 9 |
| | SPA+MLR | 0.682 | 0.783 | 1.469 | 0.635 | 0.842 | 1.248 | 11 |
| Pro | PLSR | **0.845** | **0.131** | **2.540** | **0.741** | **0.174** | **1.935** | 951 |
| | CA+SMLR | 0.481 | 0.239 | 0.962 | 0.504 | 0.242 | 0.868 | 3 |
| | PLS+SMLR | 0.614 | 0.206 | 1.262 | 0.510 | 0.238 | 1.048 | 7 |
| | SPA+MLR | **0.665** | **0.192** | **1.411** | **0.672** | **0.196** | **1.417** | 16 |

注：加粗数值为同一指标不同方法间表现较优模型，下同。

### 3.7.6 讨论

水分胁迫后光谱反射率会发生不同规律的变化，此前有研究发现，水分胁迫发生后，孕穗期光谱反射率根据胁迫程度的不同在可见光区域上升、近红外部分下降。轻度水分胁迫下在开花期可见光光谱反射率上升（谷艳芳 等，2008）。根据研究结果可以看出，在可见光反射率随水分胁迫程度的增大而增大，“红边”特征明显，形成的近红外高反射率平台随水分胁迫程度的增大而减小，说明水分胁迫后冠层反射率中的可见光区域、“红边”和近红外高反射率平台与水分对冬小麦的影响关系密切，但不同指标与其响应程度不同。

在水分胁迫条件下，冬小麦植株和叶片均发生了不同程度的失水现象（Tambussi et al.，2000；Zarco-tejada et al.，2003）。通过 CA 和 PLS 两种方法对 LWC 特征区域提取，发现 737~772 nm 区域是相同的，并且 737~772 nm 位于“红边”区域，说明“红边”区域包含了水分胁迫下冬小麦叶片 LWC 重要信息，通过 SMLR 方法对特征区域的进一步提取，分别提取到 4 个波段，并且 4 个波段仅有 887 nm 和 888 nm 为相近波段，其余 3 个波段（761 nm、853 nm 和 938 nm）完全相同。通过 SPA 方法进行波段的提取，结果显示 760 nm 和 939 nm 再次被选出，说明 760 nm 和 939 nm 可以有效表征水分胁迫后冬小麦 LWC。

严重的叶片水分损失影响了叶绿素的生物合成，促进了叶绿素的加速分解，从而导致植物叶片中叶绿素含量的下降（Sarker et al.，1999；Zaefyzadeh et al.，2009）。它的含量直接影响光合作用中光能的利用率（Tambussi et al.，2002）。叶绿素的下降导致了 ChD 的规律变化，水分胁迫后 ChD 利用 CA+SMLR 方法提取了 5 个特征光谱区域和 8 个特征波段，用 PLS+SMLR 方法提取了 7 个特征光谱区域和 9 个特征波段。ChD 的 CA+SMLR 方法提取的特征波段约 63% 位于近红外高反射率平台区域（814 nm、969 nm、999 nm、1127 nm、1349 nm），用 PLS+SMLR 方法提取的特征波段中位于近红外高反射率平台共有 6 个波段（814 nm、936 nm、1129 nm、1148 nm、1156 nm 和 1190 nm）。对比使用 CA+SMLR 和 PLS+SMLR 方法提取的特征波段中有许多相同的波段，如位于 Vis 区域提取的 427 nm 和 434 nm 波段、位于“红边”位置的 749 nm 波段和位于近红外高反射率平台的 814 nm 波段都是相同的，且其中 3 个特征（427 nm、434 nm 和 749 nm）波段是位于可见光及“红边”位置的。通过 SPA 方法对 ChD 特征波段进行提取，共提取了 11 个特征波段，在这 11 个特征波段中，400 nm 和 604 nm 位于可见光区域，680 nm、718 nm、736 nm 和 760 nm 位于“红边”位置，934 nm、968 nm、1187 nm、1320 nm 和 1350 nm 位于近红外高反射率平台位置。这与许多学者研究结论中所说的可见光波段（Hunt et al.，2011）、“红边”位置（Munden et al.，1994）包含了冬小麦胁迫后 ChD 变化的特征信息结论都是一致的，此外，近红外高反射率平台已被广泛用于评价作物长势、品种选择及作物质量和产量估测（Freeman et al.，2003；Mahesh et al.，2008）。

通过对 Pro 的特征区域选择和特征波段的提取，可以发现利用 CA+SMLR 方法和 PLS+SMLR 提取的 Pro 特征波段分别为 3 个和 7 个，其中 754 nm 和 756 nm 非常相近，且 761 nm 是完全相同的，这 3 个波段全部位于“红边”区域且相对比较集中。利用 SPA 方法提取的 16 个波段中，同样提取到了 757 nm 和 760 nm 等相近波段，再次说明“红边”参数对水分胁迫后 Pro 含量的重要性。

利用不同回归方法对水分胁迫后冬小麦 LWC、ChD 和 Pro 进行模型构建，发现基于特征波段构建的 LWC 监测模型表现略差，用 PLS 选择的特征区域后结合 SMLR 方法提取的特征光谱波段可以有效表征水分胁迫后冬小麦 ChD，且利用此方法构建的

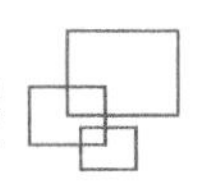

ChD 的估测模型 $R^2$ 达到了 0.6 以上，估测模型性能最好（$R^2$=0.683，RMSEC=0.782，RPD=1.475），预测精度较高（$R^2$=0.637，RMSEP=0.839，RPD=1.335），稳定性较强。而 Pro 含量监测模型中，利用 951 个波段构建的 PLSR 模型（$R^2$=0.845，RMSEC=0.131，RPD=2.540；$R^2$=0.741，RMSEP=0.174，RPD=1.935）及利用 SPA 方法提取特征波段后构建的 SPA+MLR 模型（$R^2$=0.665，RMSEC=0.192，RPD=1.411；$R^2$=0.672，RMSEP=0.196，RPD=1.417）表现都比较好，且模型精度较高。这说明利用冠层光谱反射率对冬小麦水分胁迫后 ChD 和 Pro 进行实时监测和反演是可行且有效的。

### 3.7.7 小结

对冬小麦进行不同梯度的水分胁迫处理，研究冠层光谱反射率对冬小麦生理指标中 LWC、ChD 和 Pro 的响应，并建立了冬小麦水分胁迫后 LWC、ChD 和 Pro 的估测模型。结果表明，利用不同方法对冬小麦 LWC、ChD 和 Pro 特征波段进行提取，LWC（761 nm、853 nm、887 nm 及 938 nm）、ChD（427 nm、434 nm、749 nm）和 Pro（754 nm、756 nm 和 761 nm）波段及其相近波段处与其敏感响应。

根据建立的回归模型表现来看，构建的 LWC 的 PLSR 模型（$R^2$=0.749，RMSEC=4.999，RPD=1.730；$R^2$=0.601，RMSEP=6.410，RPD=1.270）和 SPA+MLR 模型（$R^2$=0.636，RMSEC=6.208，RPD=1.321；$R^2$=0.635，RMSEP=6.237，RPD=1.233）RMSE 较小，说明模型误差较低，且模型的稳健性有待提高。ChD 的 PLSR 模型（$R^2$=0.796，RMSEC=0.628，RPD=1.974；$R^2$=0.735，RMSEP=0.719，RPD=1.526）和 PLS+SMLR 模型（$R^2$=0.683，RMSEC=0.782，RPD=1.475；$R^2$=0.637，RMSEP=0.839，RPD=1.335）拟合程度相对较高，预测较为准确。Pro 含量的 PLSR 模型（$R^2$=0.845，RMSEC=0.131，RPD=2.540；$R^2$=0.741，RMSEP=0.174，RPD=1.935）表现最好，有着较好的预测能力和较高的模型精度。基于 SPA 方法进行特征波段提取后，构建的 SPA+MLR 模型（$R^2$=0.665，RMSEC=0.192，RPD=1.411；$R^2$=0.672，RMSEP=0.196，RPD=1.417）稳健性较高，具有良好的普适性。综合比较，利用高光谱技术对水分胁迫后冬小麦的 Pro 含量的监测效果最好。

# 3.8 冬小麦抗氧化酶特征波段化学计量方法提取及监测模型研究

## 3.8.1 冬小麦抗氧化酶活性指标描述性统计分析

表 3.5 为水分胁迫后冬小麦抗氧化物酶活性中 SOD、CAT 及 POD 的描述性统计分析，酶活性的校正集和验证集的分类方法与前文中 LWC、ChD、Pro 的分类方法相同。其中，所有指标校正集和验证集全距和平均值比较接近，且校正集的全距范围略大于验证集，说明校正集和验证集的分类比较合理。从数据的偏度来看，SOD 的偏度小于 0，属于负偏，而 CAT 和 POD 都是属于正偏的，CAT 偏度大于 1，数据分布略有高于均值尾部向右延伸，但近似正分布，可以进一步进行统计学分析。

表 3.5 冬小麦抗氧化酶活性的描述性统计分析

| 指标 | 样本设置 | 数量 | 全距 | 最小值 | 最大值 | 平均值 | 标准差 | 偏度 | 峰度 |
|---|---|---|---|---|---|---|---|---|---|
| 超氧化物歧化酶 SOD/（$u \cdot g^{-1}FW \cdot h^{-1}$） | 校正集 | 100 | 141.598 | 78.011 | 219.608 | 151.551 | 30.723 | −0.158 | −0.648 |
| | 验证集 | 50 | 124.976 | 87.742 | 212.718 | 151.549 | 30.805 | −0.159 | −0.724 |
| 过氧化氢酶 CAT/（$u \cdot g^{-1}FW \cdot min^{-1}$） | 校正集 | 100 | 355.011 | 70.323 | 425.333 | 170.791 | 72.974 | 1.118 | 0.911 |
| | 验证集 | 50 | 315.043 | 80.513 | 395.556 | 171.012 | 73.515 | 1.143 | 0.942 |
| 过氧化物酶 POD/（$\mu g \cdot g^{-1}FW \cdot min^{-1}$） | 校正集 | 100 | 394.000 | 90.500 | 484.500 | 269.295 | 106.461 | 0.161 | −1.061 |
| | 验证集 | 50 | 377.139 | 94.861 | 472.000 | 269.173 | 106.357 | 0.169 | −1.054 |

## 3.8.2 光谱特征区域选择

### 3.8.2.1 基于 CA 方法特征区域选择

图 3.14 为冬小麦抗氧化酶活性指标（SOD、CAT、POD）与冠层光谱反射率的相关系数。

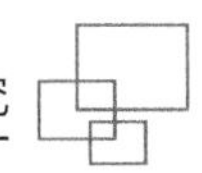

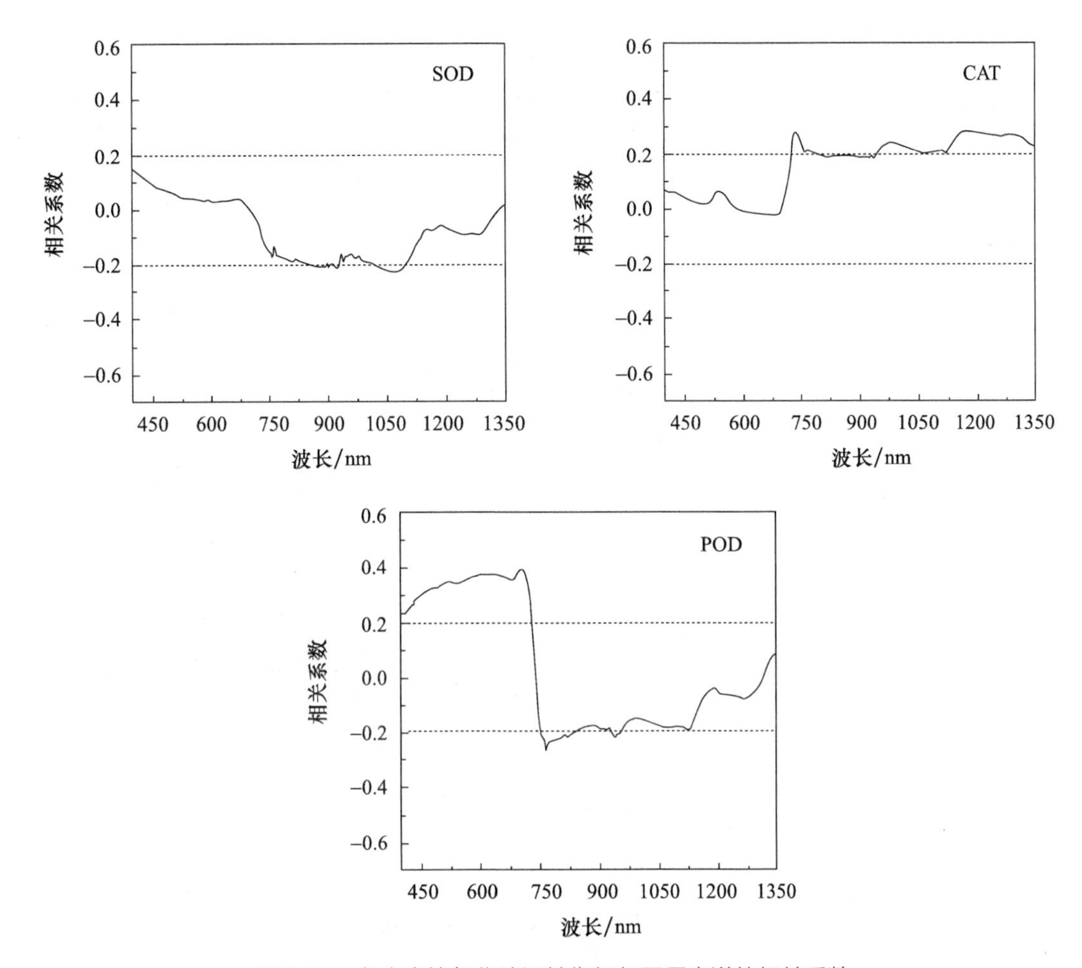


图 3.14　冬小麦抗氧化酶活性指标与冠层光谱的相关系数

从图中我们可以看出，SOD 与 CAT 的相关系数大部分较低，超过相关系数阈值的特征波段范围较小，相比较而言，POD 与冠层光谱反射率相关系数超出阈值的波段范围较大，并且较多集中在可见光范围。SOD 入选的特征波段范围为 839~928 nm、1011~1102 nm；CAT 入选的特征波段范围为 726~796 nm、943~1350 nm；POD 入选的特征波段范围为 400~726 nm、749~833 nm、928~951 nm。

### 3.8.2.2　基于 PLS 方法特征区域选择

图 3.15 为利用 PLS 方法中 VIP 和 B-coefficient 参数对水分胁迫后冬小麦冠层光谱反射率与抗氧化物酶活性特征光谱区域的提取。

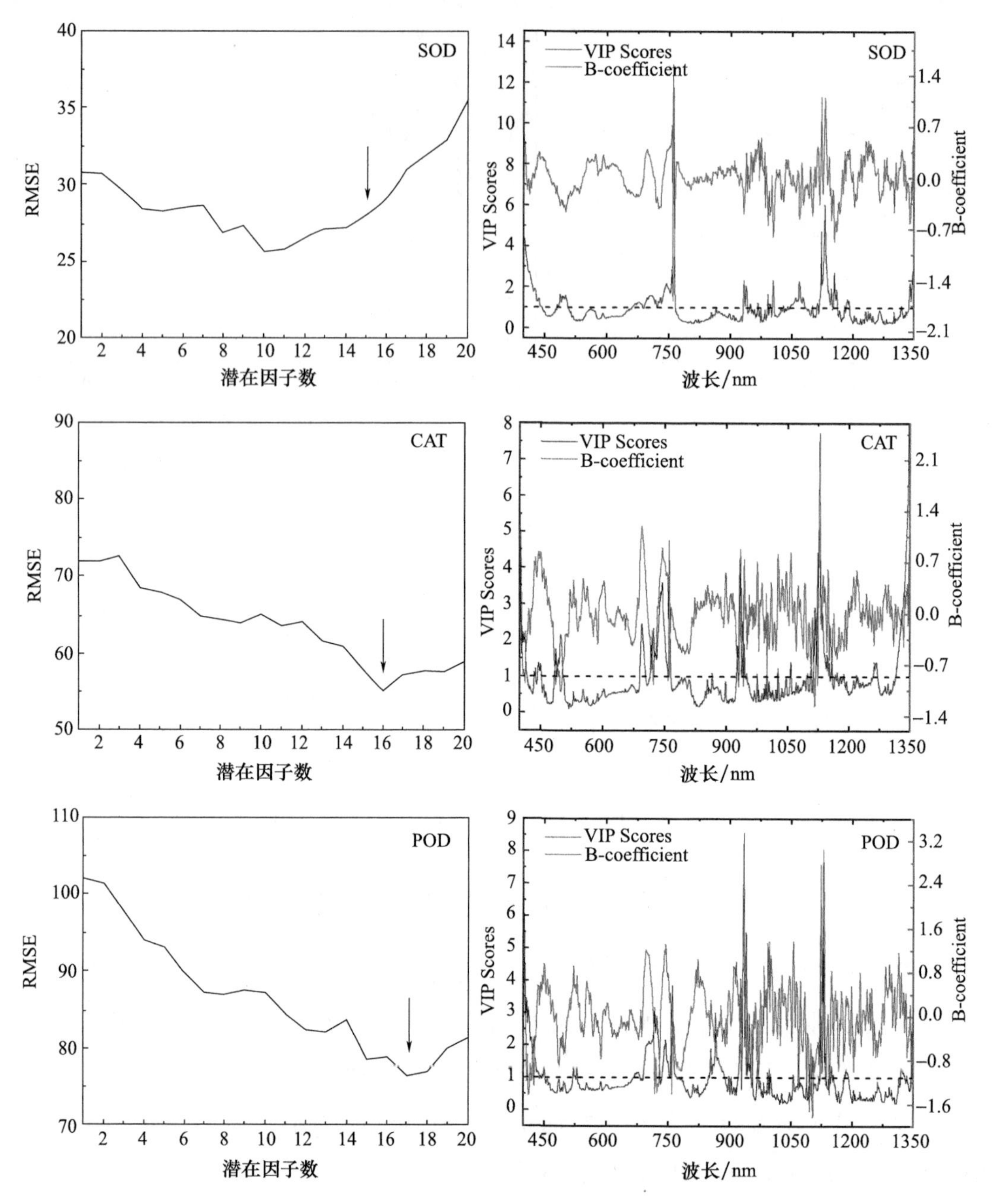


图 3.15 水分胁迫后冬小麦抗氧化酶活性指标 PLS 方法的

均方根误差及 VIP 和 B-coefficient 表现

从图 3.15 中可以看出，SOD、CAT、POD 引入最佳因子数分别为 15、16、17，通过结合 VIP ＞ 1 且 B-coefficient 较大的作为特征光谱区域。结果显示，SOD 的特征光谱区域为 3 个（723~766 nm、1046~1084 nm、1118~1149 nm），CAT 的特征光谱区域为 4 个

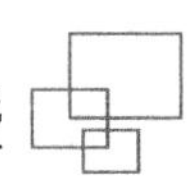

（690~704 nm、715~757 nm、1114~1153 nm、1315~1350 nm），POD 的特征光谱区域为 5 个（400~438 nm、446~452 nm、667~682 nm、690~730 nm、931~952 nm）。

## 3.8.3 光谱特征波段提取

### 3.8.3.1 基于 SMLR 特征波段提取

通过对 SOD、CAT 和 POD 抗氧化酶活性特征光谱区域的选择，确定了光谱波段所在范围。但为了准确获取有效特征光谱信息，结合 SMLR 方法进行了特征波段的进一步筛选，结果如表 3.6 所示。

**表 3.6　特征波段的提取**

| 指标 | 方法 | 引入波段 /nm | 数量 |
| --- | --- | --- | --- |
| SOD | CA+SMLR | 839、885、1068、1097 | 4 |
| | PLS+SMLR | 766、1068、1129 | 3 |
| CAT | CA+SMLR | 734、743、754、975、1268、1274、1350 | 7 |
| | PLS+SMLR | 696、744、1124、1350 | 4 |
| POD | CA+SMLR | 403、407、446、675、939、942 | 6 |
| | PLS+SMLR | 403、407、451、675、691、939、942 | 7 |

### 3.8.3.2 基于 SPA 特征波段提取

如图 3.16 为利用 SPA 方法提取水分胁迫后冬小麦冠层光谱反射率和抗氧化胁迫酶活性特征波段变量个数选择过程中各模型的 RMSE 表现。

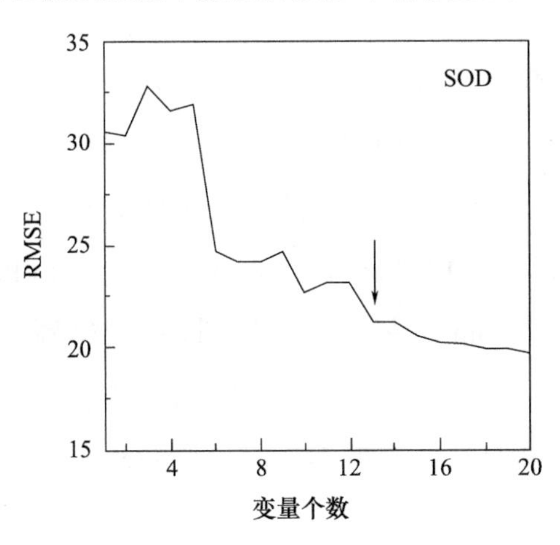


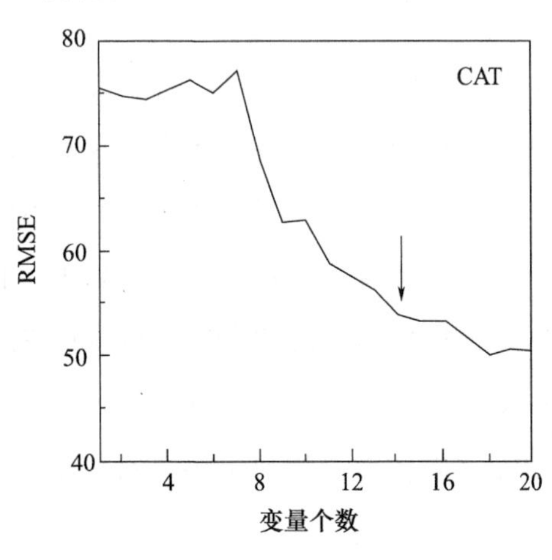

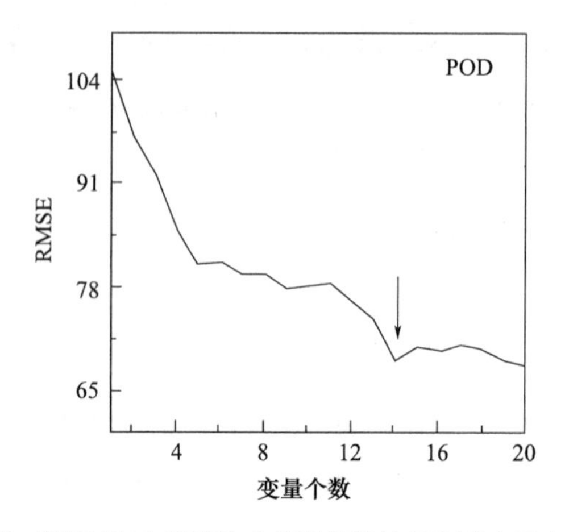


图 3.16　基于 SPA 模型均方根误差的抗氧化酶变量个数选择

遵循引入变量个数较少情况下 RMSE 较低的原则，从图中我们可以看出，通过选择，SOD、CAT、POD 引入变量个数分别为 13、14、14 时，RMSE 达到相对较低水平。利用 SPA 方法进行特征波段提取，相对较 CA+SMLR 和 PLS+SMLR 方法提取的特征波段数量要多。SOD 共提取特征波段 13 个（524 nm、570 nm、680 nm、738 nm、757 nm、763 nm、865 nm、939 nm、943 nm、1067 nm、1135 nm、1154 nm、1296 nm）；CAT 共提取特征波段 14 个（444 nm、519 nm、561 nm、744 nm、761 nm、933 nm、939 nm、1075 nm、1124 nm、1138 nm、1187 nm、1313 nm、1337 nm、1350 nm）；POD 共提取特征波段 14 个（429 nm、530 nm、559 nm、758 nm、789 nm、865 nm、933 nm、939 nm、1112 nm、1129 nm、1133 nm、1262 nm、1313 nm、1335 nm）。

## 3.8.4　特征区域及波段分布分析

图 3.17 为 SOD、CAT 和 POD 通过不同特征区域选择和波段提取后的分布情况。从图中可以发现，SOD 利用 CA 和 PLS 进行特征区域选择后，发现仅有在 NIR 的 1000~1100 nm 处有相同区域入选，利用 SMLR 进行特征波段提取后，发现 1068 nm 是完全相同的，并且结合 SPA 的提取结果中，相近波段 1067 nm 同样入选；在 CA 和 PLS 的 CAT 区域选择中，发现“红边”区域中 726~757 nm 是完全相同的，其余入选特征区域部分在 Vis 区的 1114~1153 nm 和 1315~1350 nm 有重叠区域，进一步提取 SMLR 波段并结合 SPA 的特征波段提取结果，744 nm（CA+SMLR 结果为 743 nm）和 1350 nm 为相同

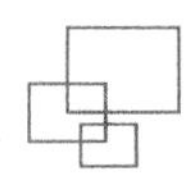

波段；POD 使用 CA 和 PLS 方法，入选特征位于 Vis 波段范围分别占 67% 和 57%，其中 403 nm 和 407 nm 是完全相同的，但是结合 SPA 方法提取的特征波段结果，仅有位于 NIR 的 939 nm 完全相同。

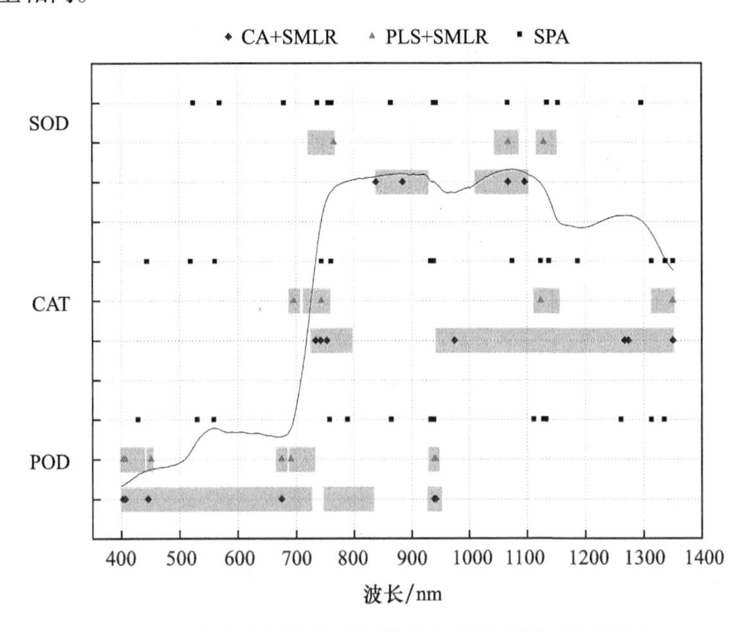


图 3.17　冬小麦抗氧化酶活性特征光谱区域及波段分布

## 3.8.5 冬小麦抗氧化酶活性指标模型评价

基于三种方法提取的重要光谱敏感波段，利用逐步多元线性回归（SMLR）和多元线性回归（MLR）构建水分胁迫后冬小麦抗氧化酶活性估算模型，模型表现结果如表 3.7 所示。

**表 3.7　基于不同建模方法的冬小麦抗氧化酶活性模型评价**

| 指标 | 建模方法 | 校正集 | | | 验证集 | | | 波段个数 |
|---|---|---|---|---|---|---|---|---|
| | | $R^2$ | RMSEC | RPD | $R^2$ | RMSEP | RPD | |
| SOD | PLSR | **0.623** | **18.774** | **1.285** | **0.597** | **19.586** | **1.358** | 951 |
| | CA+SMLR | 0.239 | 22.660 | 0.561 | 0.303 | 26.307 | 0.460 | 4 |
| | PLS+SMLR | 0.237 | 26.712 | 0.557 | 0.462 | 24.638 | 0.491 | 3 |
| | SPA+MLR | 0.466 | 22.348 | 0.933 | 0.519 | 21.209 | 1.088 | 13 |

续表

| 指标 | 建模方法 | 校正集 | | | 验证集 | | | 波段个数 |
|---|---|---|---|---|---|---|---|---|
| | | $R^2$ | RMSEC | RPD | $R^2$ | RMSEP | RPD | |
| CAT | PLSR | **0.767** | **35.060** | **1.814** | **0.538** | **51.460** | **1.313** | 951 |
| | CA+SMLR | 0.453 | 53.697 | 0.910 | 0.400 | 57.326 | 0.768 | 7 |
| | PLS+SMLR | 0.318 | 59.970 | 0.683 | 0.205 | 67.388 | 0.720 | 4 |
| | SPA+MLR | 0.561 | 48.137 | 1.129 | 0.457 | 53.843 | 0.998 | 14 |
| POD | PLSR | **0.829** | **43.741** | **2.206** | **0.575** | **74.326** | **1.444** | 951 |
| | CA+SMLR | 0.557 | 70.533 | 1.120 | 0.344 | 91.294 | 1.017 | 6 |
| | PLS+SMLR | 0.559 | 70.361 | 1.125 | 0.349 | 91.260 | 1.030 | 7 |
| | SPA+MLR | 0.626 | 64.757 | 1.294 | 0.579 | 68.862 | 1.274 | 14 |

从表3.7基于不同建模方法的冬小麦抗氧化酶活性模型评价中我们可以看出，SOD基于CA+SMLR和PLS+SMLR分别提取的4个和3个波段建立的模型表现较差，建模集$R^2$分别为0.239和0.237，说明两种方法校正集模型的拟合度不高，验证集的RPD分别为0.460和0.491，说明预测能力较低。CAT的模型中，仅有PLSR模型（$R^2$=0.767，RMSEC=35.060，RPD=1.814；$R^2$=0.538，RMSEP=51.460，RPD=1.313）表现较好，但验证集的RMSEP较大，为51.460 u · $g^{-1}$FW · $min^{-1}$，误差较大，说明预测效果表现也一般。其余通过所提取特征波段建立的模型表现都较差。POD的校正集PLSR模型（$R^2$=0.829，RMSEC=43.741，RPD=2.206；$R^2$=0.575，RMSEP=74.326，RPD=1.444）的表现是最佳的，校正集的$R^2$为0.829，验证集的$R^2$为0.575，说明模型的拟合效果较好。校正集的RPD=2.206，验证集的RPD=1.444，均大于1.4，说明POD的PLSR模型的预测能力达到了中等水平。

## 3.8.6 讨论

从抗氧化酶的特征区域选择结果看，SOD利用CA方法进行特征区域选择过程中，位于近红外高反射率平台的少部分光谱区域入选（839~928 nm和1011~1102 nm），这与前

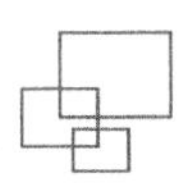

文冠层光谱反射率与 SOD 相关性分析中相关性较弱结果相符，说明 SOD 对原始冠层光谱反射率的响应效果一般。利用 PLS 共有 3 个特征区域入选，其中 723~766 nm 位于“红边”区域，其余两个同 CA 特征区域一样位于近红外高反射率平台区域，均属短波红外区（SW-NIR），与孙倩倩（2016）认为 SOD 主要特征波段集中在 SW-NIR 研究结果类似。利用 SMLR 对特征区域进一步进行波段提取后，结果显示 1068 nm 波段是相同的，结合 SPA 提取的 13 个特征波段，其中 1067 nm 与其相近，故认为 1068 nm 与水分胁迫后冬小麦 SOD 活性响应敏感。

CAT 为抵抗胁迫发生后导致的氧化破坏作用，在生育前期出现了一定程度的增加（Shao et al.，2007；Zhang et al.，1994），通过对冬小麦 CAT 活性特征区域的选择，两种特征区域选择方法结果显示，726~757 nm、1114~1153 nm 和 1315~1350 nm 是相同的，其中 726~757 nm 位于“红边”区域，其余全部位于近红外高反射率平台区域。基于 SMLR 方法进一步进行特征波段提取后，734 nm 和 744 nm 相近且 1350 nm 是相同的。结合 SPA 提取的 14 个波段，发现 744 nm 和 1350 nm 同样入选特征波段，说明水分胁迫后冬小麦 CAT 敏感响应的波段为 744 nm 和 1350 nm。

之前研究结果显示，POD 活性在水分胁迫下可以有效表征胁迫程度（Alscher et al.，1990；Siegel，1993），并且与冠层光谱反射率的相关性最好。通过特征区域选择后利用 SMLR 进行特征波段提取发现，PLS+SMLR（403 nm、407 nm、451 nm、675 nm、691 nm、939 nm、942 nm）仅比 CA+SMLR（403 nm、407 nm、446 nm、675 nm、939 nm、942 nm）方法提取的特征波段多了 691 nm，除 451 nm 和 446 nm 为相近波段外，其余完全相同，并且相比较 SOD 和 CAT 较多分布在可见光区域。结合 SPA 方法，完全相同的波段为 939 nm。

利用多元回归方法建立的监测模型中，SOD 的 CA+SMLR 验证集模型为（$R^2$=0.303，RMSEP=26.307，RPD=0.460）最差，$R^2$ 较小，模型拟合效果较差，RMSE 较大，模型的预测误差也较大，并且可以发现利用另外两种特征波段提取方法建立的监测模型表现也不好。当然，不同抗旱品种的 SOD 活性分布是有差异的（崔四平 等，1990），所以单独利用 SOD 活性指标来表征冬小麦水分胁迫程度是远远不够的（齐秀东 等，2005）。出现此种情况说明在 SOD 光谱监测研究中，应该结合更多抗旱品种对数据信息挖掘和光谱模型优化方法进行探索，更深入地探究干旱胁迫后冬小麦叶片 SOD 活性与高光谱监测技术如何实现有效的结合。在 CAT 的监测研究中，基于 951 nm 波段建立的 PLSR 校正集模型

（$R^2$=0.767，RMSEC=35.060，RPD=1.814）较好，RPD > 1.4，说明模型的预测效果是较好的；当然，在 POD 所建立的 PLSR 监测模型整体效果优于 SOD 和 CAT，可以说明利用冠层光谱反射率实现对 POD 活性的监测是有效并且适用的。

### 3.8.7 小结

通过对冬小麦干旱灾害的模拟，探究冠层光谱反射率与抗氧化胁迫酶 SOD、CAT 和 POD 之间的关系，并建立了冬小麦水分胁迫下抗氧化酶活性的监测模型。利用不同方法对冬小麦 SOD、CAT 和 POD 特征波段进行了提取，发现 SOD 与 1068 nm、CAT 与 744 nm 和 1350 nm，POD 与 939 nm 波段及其相近波段处响应敏感。

根据建立的抗氧化酶回归模型表现来看，POD 的 PLSR 模型（$R^2$=0.829，RMSEC=43.741，RPD=2.206；$R^2$=0.575，RMSEP=74.326，RPD=1.444）表现最好，具有良好的普适性，构建的 SPA+MLR 定量监测模型（$R^2$=0.626，RMSEC=64.757，RPD=1.294；$R^2$=0.579，RMSEP=68.862，RPD=1.274）表现其次。SOD 与 CAT 模型表现整体较差，但 SOD 的 PLSR 模型（$R^2$=0.623，RMSEC=18.774，RPD=1.285；$R^2$=0.597，RMSEP=19.586，RPD=1.358）和 CAT 的 PLSR 模型（$R^2$=0.767，RMSEC=35.060，RPD=1.814；$R^2$=0.538，RMSEP=51.460，RPD=1.313）相对基于特征波段构建的模型也达到了较好的预测效果，但模型的预测能力有待提高。

## 3.9 基于多元统计分析的冬小麦干旱综合指标构建及监测研究

### 3.9.1 基于主成分分析的冬小麦 CDI 指标的构建

#### 3.9.1.1 水分胁迫下冬小麦生理指标相关分析

将选取的 6 个生理指标作为构建因子，经过 KMO 和巴特利特球形度检验后结果为：KMO 统计量值为 0.668，KMO 统计量值大于 0.50，且巴特利特球形度检验 Sig 值小于 0.05，球形假设被拒绝，说明原始变量之间存在相关性，适合做主成分分析。表 3.8 为冬小麦水分胁迫后生理指标之间的相关分析结果。

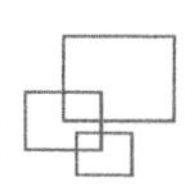

**表 3.8　冬小麦生理指标相关分析**

| 指标 | LWC | ChD | Pro | SOD | CAT | POD |
|---|---|---|---|---|---|---|
| LWC | 1 | | | | | |
| ChD | 0.350** | 1 | | | | |
| Pro | −0.677** | −0.377** | 1 | | | |
| SOD | 0.083 | −0.040 | −0.171* | 1 | | |
| CAT | −0.611** | −0.468** | 0.521** | 0.095 | 1 | |
| POD | 0.022 | −0.150 | 0.113 | 0.236** | 0.304** | 1 |

注：“**” 和 “*” 分别代表 0.01 和 0.05 显著性水平，下同。

由表 3.8 可以看出，LWC 与 Pro、CAT 相关性最强（$r$=−0.677、$r$=−0.611），呈极显著负相关，Pro 和 CAT 呈极显著正相关（$r$=0.521）。除 SOD 与 LWC、ChD、CAT 相关系数及 POD 与 LWC、ChD、Pro 的相关系数较低外，其余指标之间的相关系数都达到了显著或极显著水平，说明选取的 6 个生理指标之间相关性较高，可以进行主成分分析。

### 3.9.1.2　水分胁迫下冬小麦生理指标主成分提取

表 3.9 为主成分分析提取中初始因子载荷矩阵、特征根和方差贡献率表现，表中显示第一主成分特征根为 2.567，方差贡献率为 42.783%，其中 LWC、Pro 和 CAT 载荷较大，表明第一主成分主要包含 LWC、Pro 和 CAT 的相关信息；第二主成分方差贡献率为 22.187%，其中 SOD 和 POD 载荷较大，相关性较强；第三主成分方差贡献率为 12.720%，载荷最大的是 POD；第四主成分的累积方差达到了 89.081%，说明第四主成分可以解释冬小麦水分胁迫后 6 个生理指标 89.081% 的信息，其中 ChD 载荷最大，说明第四主成分主要与 ChD 相关，其中抗氧化酶活性的 SOD、CAT 和 POD 相对较小，说明第四主成分与抗氧化酶活性的相关性最差。根据统计学要求，一般认为当累积方差达到 85% 以上提取主成分个数可以对因子的表征达到良好的效果，所以提取 4 个主成分进行 CDI 指标的构建。

**表 3.9　主成分初始因子载荷矩阵、特征根和方差贡献率**

| 指标 | 主成分 | | | |
| --- | --- | --- | --- | --- |
| | PC 1 | PC 2 | PC 3 | PC 4 |
| LWC | −0.826 | 0.265 | 0.193 | −0.282 |
| ChD | −0.658 | −0.130 | 0.134 | 0.722 |
| Pro | 0.818 | −0.250 | 0.104 | 0.188 |
| SOD | −0.025 | 0.785 | −0.570 | 0.185 |
| CAT | 0.842 | 0.192 | −0.019 | 0.086 |
| POD | 0.269 | 0.727 | 0.610 | 0.074 |
| 特征根 | 2.567 | 1.331 | 0.763 | 0.683 |
| 方差 /% | 42.783 | 22.187 | 12.720 | 11.391 |
| 累积方差 /% | 42.783 | 64.970 | 77.690 | 89.081 |

#### 3.9.1.3　CDI 指标与冬小麦生理指标的相关关系

表 3.10 为构建的 CDI 指标和研究中所涉及全部生理指标相关性分析。从表中可以发现 CDI 指标与 LWC 和 ChD 指标呈极显著负相关，与 Pro、SOD、CAT、POD 呈正相关并达到了极显著水平。

**表 3.10　冬小麦 CDI 与生理指标的相关性分析**

| 变量 | LWC | ChD | Pro | SOD | CAT | POD |
| --- | --- | --- | --- | --- | --- | --- |
| CDI | −0.601** | −0.480** | 0.642** | 0.248** | 0.820** | 0.682** |

### 3.9.2　冬小麦 CDI 指标描述性统计分析

利用主成分分析法实现了反映水分胁迫下 LWC、ChD、Pro、SOD、CAT、POD 等 6 个生理指标变化的冬小麦干旱综合指标（CDI）构建，并对其进行描述性统计分析（表 3.11）。从表中可以看出，利用主成分分析方法构建的 CDI 指标的全距为 3.191，标准差为 0.649，偏度为 0.666，符合 −1 ＜偏度＜ 1，认为所构建的 CDI 指标基本符合正态分布，

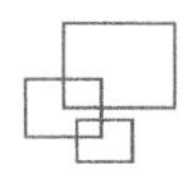

符合统计学要求。将 150 个样本按照 2∶1 分为校正集与验证集用于模型的建立和验证，校正集和验证集的全距比较接近，说明对校正集和验证集进行分类比较合理。从样本偏度值来看，两组数据都属于正偏，由于 –1 ＜偏度＜ 1，说明两组样本也基本符合正态分布，可以进行相关统计学分析。

**表 3.11　冬小麦干旱综合指标（CDI）的描述性统计分析**

| 指标 | 样本设置 | 数量 | 全距 | 最小值 | 最大值 | 平均值 | 标准差 | 偏度 | 峰度 |
|---|---|---|---|---|---|---|---|---|---|
| CDI | 总样本 | 150 | 3.191 | –1.198 | 1.992 | –0.002192 | 0.649 | 0.666 | 0.220 |
| | 校正集 | 100 | 3.191 | –1.198 | 1.992 | –0.000287 | 0.654 | 0.687 | 0.311 |
| | 验证集 | 50 | 2.943 | –1.145 | 1.798 | –0.006002 | 0.644 | 0.641 | 0.164 |

## 3.9.3　光谱特征区域选择

### 3.9.3.1　基于 CA 方法特征区域选择

为了提取光谱特征区域，对冬小麦干旱综合指标和冠层光谱数据进行相关性分析，如图 3.18 所示。从图中可以看出，入选特征区域是可见光的 400~727 nm 处和近红外的 1341~1350 nm 处，CDI 在这两个特征区域范围内与冠层光谱反射率的相关系数绝对值大于阈值 0.1966。

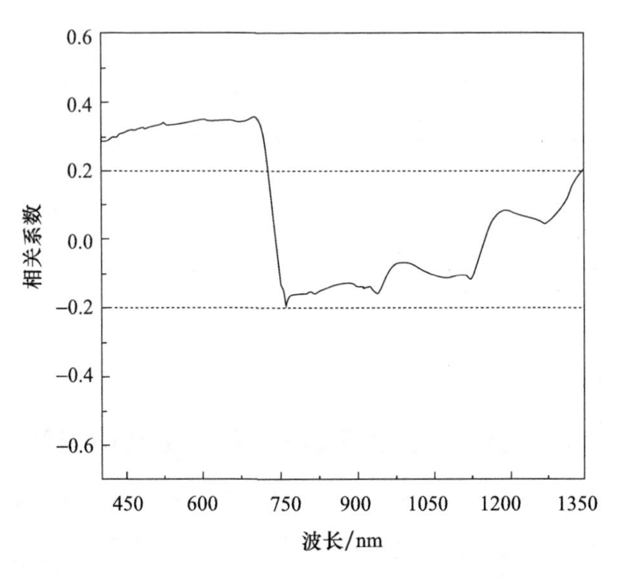


图 3.18　冬小麦干旱综合指标与冠层光谱的相关系数

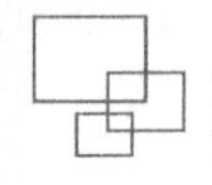


#### 3.9.3.2 基于 PLS 方法特征区域选择

图 3.19a 为 PLS 模型的均方根误差在不同潜在因子数的表现，图 3.19b 为在选定好潜在因子个数后 PLS 方法中 VIP 和 B-coefficient 的具体表现。

从图 3.19 中可以看出，当潜在因子数为 19 时，CDI 指标达到了最小值 0.443，但潜在因子数为 20 时又开始出现了一定程度的增加，因此，选择潜在因子数为 19。根据特征区域提取原则最终入选 CDI 敏感光谱区域为 400～419 nm、484～504 nm、692～730 nm、737～752 nm、758～766 nm、922～929 nm、931～957 nm、976 nm、1260～1273 nm、1069～1071 nm、1114～1159 nm、1320～1350 nm 共计 12 个特征波段区域。

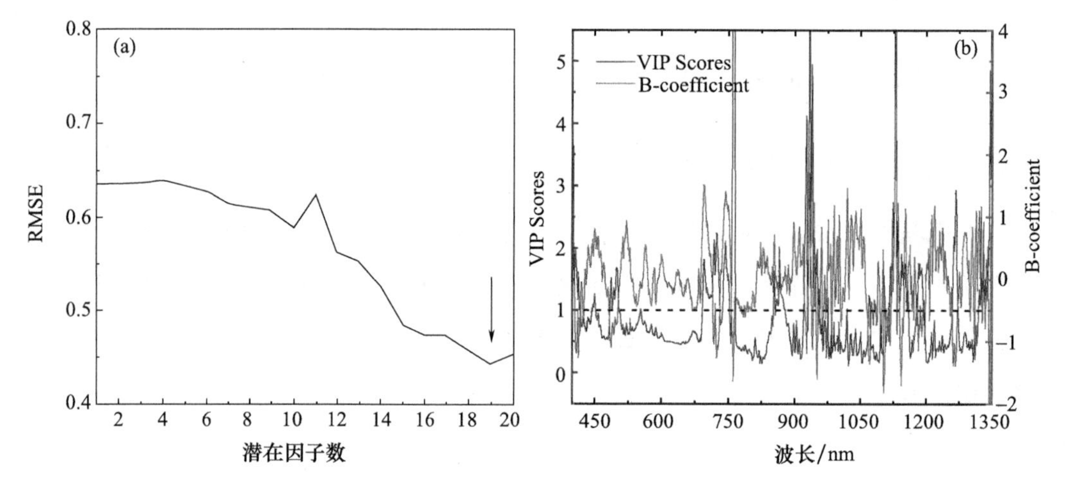


图 3.19　水分胁迫后冬小麦 CDI 指标 PLS 方法的均方根误差

（a）及 VIP 和 B-coefficient 表现（b）

### 3.9.4 光谱特征波段提取

#### 3.9.4.1 基于 SMLR 特征波段提取

利用 CA 方法对相关系数绝对值大于阈值的特征区域进行了选择，然后利用 SMLR 方法进行特征波段的提取，结果显示，423 nm、427 nm、438 nm、486 nm、516 nm、575 nm 和 607 nm 共计 7 个波段被认为是 CDI 指标的相应敏感波段；利用 PLS 方法中 VIP 和

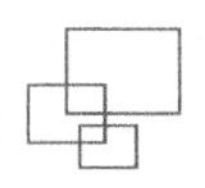

B-coefficient 提取特征光谱区域后，利用 SMLR 进行特征波段的提取，共计提取 15 个波段（489 nm、501 nm、697 nm、759 nm、761 nm、929 nm、939 nm、976 nm、1069 nm、1125 nm、1128 nm、1147 nm、1152 nm、1345 nm、1350 nm）。

#### 3.9.4.2 基于 SPA 特征波段提取

图 3.20 为不同变量个数条件下的冬小麦 CDI 均方根误差。从图中可知，随着变量个数的增加，RMSE 逐渐降低，为选择较少变量而达到较高的模型精度，综合考虑模型表现，最终选择变量个数为 16。通过提取 SPA 特征波段，共有 16 个（400 nm、407 nm、520 nm、557 nm、672 nm、693 nm、719 nm、737 nm、760 nm、869 nm、934 nm、939 nm、1065 nm、1099 nm、1124 nm 和 1127 nm）特征波段入选。

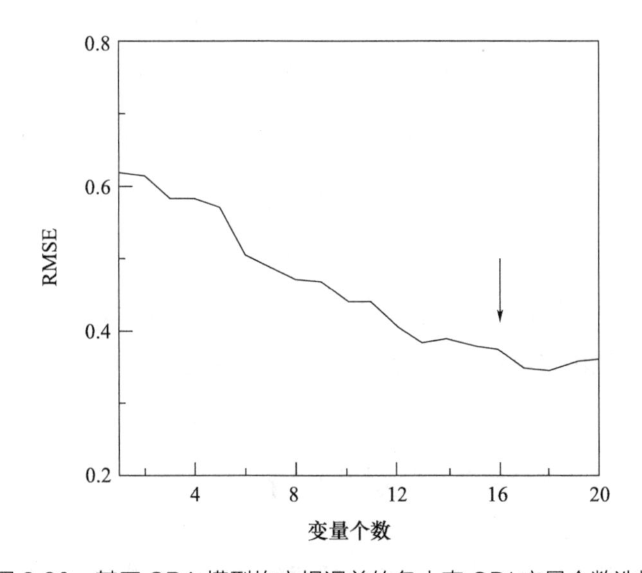


图 3.20 基于 SPA 模型均方根误差的冬小麦 CDI 变量个数选择

### 3.9.5 特征区域及波段分布分析

通过 CA 和 PLS 方法进行了冬小麦 CDI 特征区域的选择，并利用 SMLR 方法和 SPA 方法进行了特征波段的提取，结果如图 3.21 所示。

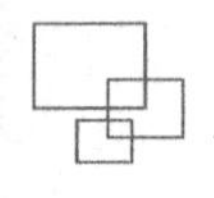

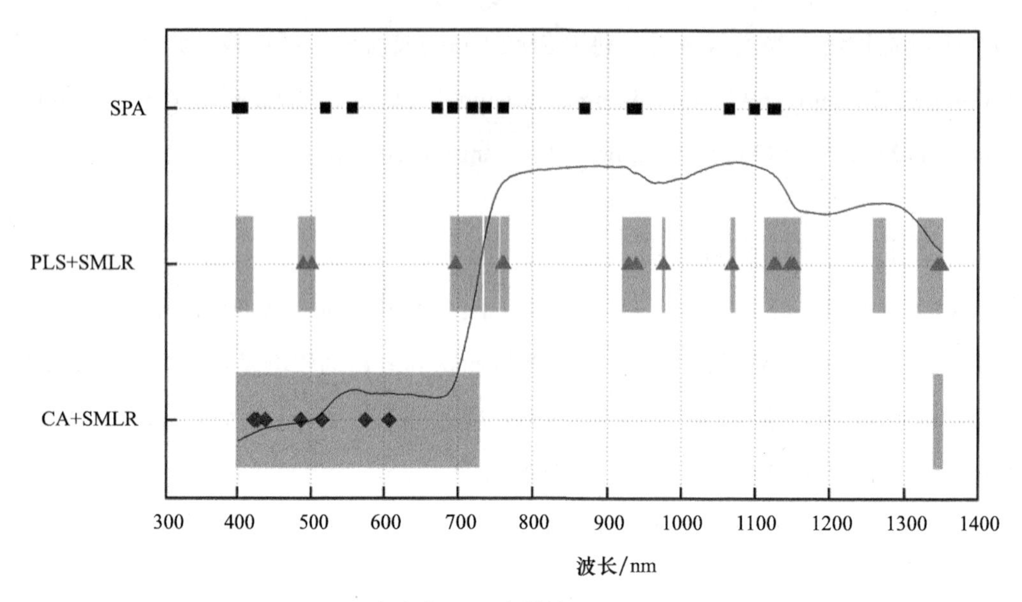


图 3.21　冬小麦 CDI 光谱特征区域及波段分布

由图可知，基于 CA 方法提取的特征区域集中在可见光区域，位于近红外范围的特征区域仅占 3%。通过 SMLR 特征波段提取后，所有特征波段位于可见光区域范围；利用 PLS 方法选择的特征区域分布较为广泛，基于 SMLR 提取的特征波段也分布在不同光谱反射率区域；利用 SPA 进行特征波段提取，结果显示，约有 31% 的特征波段集中在“红边”区域，其余特征波段在可见光和近红外高反射率平台均有分布。

## 3.9.6 冬小麦 CDI 指标监测模型评价

同前文相同，利用 PLSR 构建了基于全波段的 PLSR 监测模型，为了达到简化模型的目的，通过不同的特征区域选择和波段提取方法，对冬小麦的 CDI 响应的光谱反射率进行了特征变量的选择，以降低较多波段信息的维度。基于提取的特征波段，利用 SMLR 和 MLR 方法构建了水分胁迫后冬小麦 CDI 指标预测模型，模型的表现如表 3.12 所示。

**表 3.12　基于不同建模方法的冬小麦 CDI 模型表现**

| 指标 | 建模方法 | 校正集 | | | 验证集 | | | 波段个数 |
|---|---|---|---|---|---|---|---|---|
| | | $R^2$ | RMSEC | RPD | $R^2$ | RMSEP | RPD | |
| CDI | PLSR | **0.885** | **0.221** | **2.772** | **0.631** | **0.441** | **1.625** | 951 |

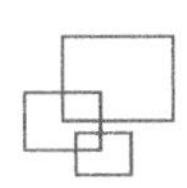

续表

| 指标 | 建模方法 | 校正集 | | | 验证集 | | | 波段个数 |
|---|---|---|---|---|---|---|---|---|
| | | $R^2$ | RMSEC | RPD | $R^2$ | RMSEP | RPD | |
| CDI | CA+SMLR | 0.306 | 0.543 | 0.663 | 0.244 | 0.563 | 0.728 | 7 |
| | PLS+SMLR | **0.719** | **0.345** | **1.601** | **0.432** | **0.551** | **1.249** | 15 |
| | SPA+MLR | **0.647** | **0.387** | **1.355** | **0.672** | **0.376** | **1.500** | 16 |

不同建模方法构建的水分胁迫后冬小麦 CDI 定量监测模型中。基于全波段建立的 PLSR 监测模型表现最好（$R^2$=0.885，RMSEC=0.221，RPD=2.772；$R^2$=0.631，RMSEP=0.441，RPD=1.625），表现次之的是基于 PLS+SMLR 方法提取 15 个特征波段构建的校正集模型（$R^2$=0.432，RMSEC=0.551，RPD=1.249），但是此方法的验证集模型（$R^2$=0.672，RMSEP=0.376，RPD=1.500）表现是较差的。相比基于 16 个特征波段构建的 SPA+MLR 模型有着较好的预测效果（$R^2$=0.647，RMSEC=0.387，RPD=1.355；$R^2$=0.672，RMSEP=0.376，RPD=1.500）。表现最差的为基于 7 个特征波段构建的 CA+SMLR 监测模型（$R^2$=0.306，RMSEC=0.543，RPD=0.663；$R^2$=0.244，RMSEP=0.563，RPD=0.728）。

## 3.9.7 讨论

冬小麦在水分胁迫发生后，植株体内的生理指标都会发生相应的变化（Baranyiová et al.，2016；Wu et al.，2012a），相应的生理生化变化是由于冬小麦胁迫后失水严重导致冬小麦产生的应激反应（曹卫星，2005；Keim et al.，1981）。单一生理指标在表征水分胁迫的影响时，可能会存在一定的局限性。通过不同的途径、不同的方法可以实现综合指标的构建（苏为华，2000；Gómez-limón et al.，2009），以达到利用综合指标对水分胁迫后冬小麦的长势进行整体评价的目的。本章利用主成分分析方法，对水分胁迫后冬小麦 6 个生理指标进行数据压缩和融合，提取了 4 个主成分，不同主成分中包含生理指标信息量不同，POD 在第二和三主成分中载荷较大，说明这两个主成分与 POD 的相关性较强。而从 ChD 来看，在第一和第四主成分中载荷均比较高，说明第一和第四主成分与 ChD 相关性较强。通过生理生化参数与所构建的 CDI 相关性分析，发现与 SOD 的相关系数较低，但相关性均达到了极显著水平，进而计算不同主成分因子得分的权重，进行了综合得分的计

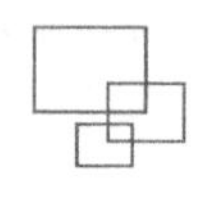



算，从而构建了冬小麦 CDI 指标。通过统计学分析，构建的 CDI 指标近似正态分布。所以，利用主成分分析构建的 CDI 指标是可以在一定程度上起到了表征并融合生理指标信息的作用。

通过对 CDI 指标特征波段区域的选择，发现基于 CA 方法提取的特征区域主要集中在可见光区域，少部分集中在近红外区域，利用 CA+SMLR 方法提取的 7 个波段，全部位于可见光区域，说明在可见光区域的部分波段具有 CDI 指标的重要信息；利用 PLS 选择的特征区域分布没有明显规律，在全波段范围均有分布，而利用 SMLR 方法提取特征波段后，发现 15 个特征波段中，20% 的波段位于“红边”区域，大约 53.3% 的特征波段集中在 NIR 区域，有研究曾报道干旱胁迫后，可见光区域（王小平 等，2014）和近红外区域（宋晓宇 等，2010）是干旱胁迫最敏感的谱段（赵俊芳 等，2013）。而利用 SPA 方法提取的特征波段 31.3% 集中在“红边”区域内，说明“红边”区域同样包含了水分胁迫后冬小麦 CDI 的重要信息，这与“红边”区域包含重要作物长势信息（Liu et al.，2004；Wang et al.，2010）的观点一致。而 CA 方法则在区域选择过程中丢失了“红边”波段的关键信息，在一定程度上造成了信息的损失。

利用多元回归方法进行 CDI 定量监测模型的建立。结果显示，模型建立过程基于全波段的 PLSR 监测模型表现最好，校正集和验证集的 $R^2$ 分别为 0.885 和 0.631，说明校正集模型的拟合度很高，验证集的拟合度也达到了中等水平，RMSE 分别为 0.221 和 0.441，说明定量监测模型的误差较小，预测准确，RPD 为 2.772 和 1.625，均大于 1.4，说明 CDI 高光谱监测模型具有一定普适性和稳健性。但是，由于过多的波段引入模型，使模型既包含了有效信息，同样也存在部分无效和冗余的信息，会导致模型的复杂度变高。为达到优化和简化模型的效果，对光谱反射率的特征波段进行提取，但是在特征波段提取过程中，由于方法的不同，同样可能会导致可以表征冬小麦干旱的信息丢失（Huang et al.，2005），出现模型精度降低等情况。根据基于特征波长所构建的监测模型表现来看，CA+SMLR 监测模型表现最差，这与特征区域提取过程中范围较小，且忽略了“红边”等关键区域有一定的关联性。构建的 PLS+SMLR 校正集模型表现最好，$R^2$ 为 0.719，说明校正集的拟合度较高，但是验证集模型的拟合度出现了下降，仅为 0.432，说明在模型的准确性上有待提高；而基于 SPA 特征波段建立的 CDI 监测模型预测效果较好，RPD 等于 1.500，符合 RPD 大于 1.4，说明利用 SPA 提取的特征波段构建的 CDI 监测模型具有较好的预测效果。

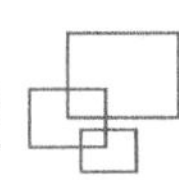

### 3.9.8 小结

通过不同方法对冬小麦 CDI 指标进行特征区域选择和特征波段提取，所提取的特征波段在可见光区域、“红边”以及近红外区域均有分布。通过分析建立的冬小麦水分胁迫下 CDI 的监测模型，冬小麦 CDI 的 PLSR 模型（$R^2$=0.885，RMSEC=0.221，RPD=2.772；$R^2$=0.631，RMSEP=0.441，RPD=1.625）预测较为准确，具有较高稳健性和普适性；基于提取特征波段建立 SPA+MLR 模型（$R^2$=0.647，RMSEC=0.387，RPD=1.355；$R^2$=0.672，RMSEP=0.376，RPD=1.500）和 PLS+SMLR 模型（$R^2$=0.719，RMSEC=0.345，RPD=1.601；$R^2$=0.432，RMSEP=0.551，RPD=1.249）也达到了较好的预测效果。

综上所述，所构建 CDI 指标从多角度、多层次对水分胁迫后冬小麦生理生化现象进行了有效表征，根据所构建的定量监测模型表现，认为利用高光谱技术可以实现对冬小麦干旱综合指标 CDI 的快速、有效监测。

# 第4章

# 冻害胁迫后冬小麦高光谱特征及定量监测研究

## 4.1 研究背景

我国季风气候特征非常明显，呈现大陆性气候，农业气候变化速度非常快，灾害时常发生。从南到北、从东到西，灾害遍布全国且出现频繁。冬小麦霜冻的发生取决于当地的热量条件和气候变化，且霜冻的程度和范围也不同。如 1985 年 5 月，新疆北部遭受了严重的霜冻，受害范围达到了总播种面积的 47%（孙忠富，2000）。随着全球变暖，人们认为小麦的晚霜冻害会有所缓解，冻害范围也会缩小，然而事实上全球变暖并不会减弱霜冻对冬小麦的影响，反而会因为种植品种的变化以及人们对霜冻的轻视而更加严重。冯玉香等（1996，1999）发现，20 世纪 90 年代以来，我国小麦遭受晚霜冻害的次数呈上升趋势，且冻害程度也越来越严重。2007 年 3 月和 4 月，河南、河北、山西等地分别发生了两次非常严重的霜冻灾害（仝文伟 等，2011），严重影响了冬小麦的产量。在全球变暖的大环境下，冬小麦更容易遭受区域突发性霜冻，这给我国粮食安全保障和经济可持续发展造成了严重的危害（高辉 等，2008；王凌 等，2008）。发生干旱、洪涝灾害时，冬小麦受灾范围广，灾后表现明显，国内外学者对其进行的监测研究也较多，而当冬小麦遭受晚霜冻害时，由于外表形态特征几乎没有变化，用肉眼很难辨别晚霜冻害的发生程度（李章成，2008），所以对冬小麦晚霜冻害发生的监测及早期估测显得尤为重要。然而，传统的冻害监测手段是通过测定地面最低温度，然后结合冬小麦的生长发育来实现的，需要耗费大量的人力、物力，却达不到理想的监测效果。因此，迫切需要寻找一种及时、客观评价冻害发生程度及产量损失的理论方法和技术手段。随着遥感技术的发展，各种高时间、空间分辨率及高光谱遥感影像数据的逐渐应用，为冬小麦霜冻害发生情况和产量损失监测提供了较强的现实意义（李章成 等，2008；Li et al.，2012；Wu et al.，2012b）。

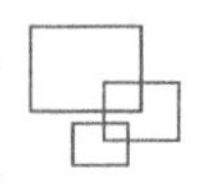

## 4.2 研究内容与方法

### 4.2.1 研究内容

本试验采用盆栽试验与大田试验，对拔节期冬小麦进行不同低温胁迫处理后，在冻后冬小麦各生育期进行光谱的测定，并在成熟期测定冬小麦产量及构成要素（穗数、穗粒数和千粒重），通过分析不同低温处理下产量构成要素的差异性及不同低温处理条件下的冠层光谱变化特征，研究了冠层光谱对低温胁迫的敏感响应规律；利用连续投影算法（SPA）提取冬小麦产量及构成要素在不同冻后天数的重要波段，并结合相关系数法对所提取的冬小麦产量的光谱特征进行了研究；基于所提取的光谱特征构建了多元线性回归（MLR）预测模型，另外，基于全谱分析构建了不同冻后生育期的冬小麦产量及构成要素的主成分回归（PCR）模型，对比二者的表现和大田试验结果，选择进行产量及构成要素的最佳监测时期和最优监测方法，最终实现冬小麦产量的早期估算。

### 4.2.2 研究方法

#### 4.2.2.1 技术路线

冬小麦冻害研究的技术路线见图 4.1。

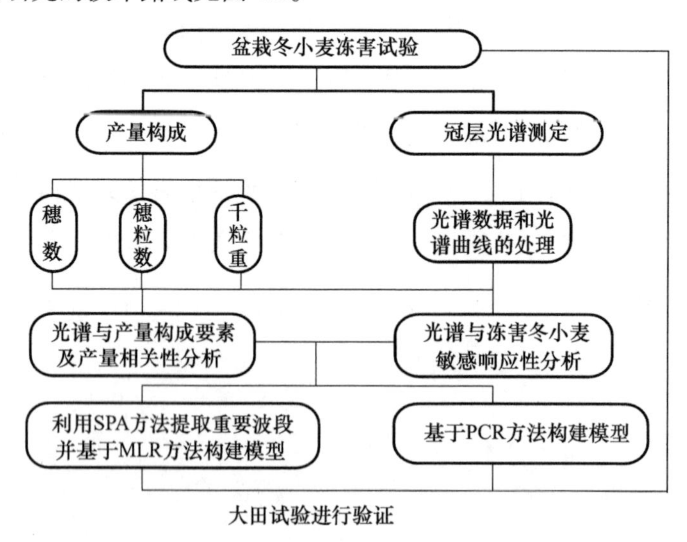


图 4.1 冬小麦冻害研究的技术路线图

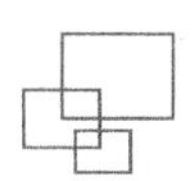

#### 4.2.2.2　数据处理与分析

对光谱数据进行前期预处理，前期处理使用 View Specpro 对背景、噪声等造成的异常波段进行剔除，然后重复进行平均以及反射率曲线的平滑处理。由于水汽的吸收波段对反射率的影响较大，所以本书选取 400~1350 nm 进行研究。Radim 等（2014）提出的多变量数理算法和统计方法是提取光谱信息的重要手段和途径，多元校正方法是提高模型精度和优化监测模型的必要方法等（Martens et al.，1992）。

本研究利用 Matlab 7.0 进行相关性分析、进行连续投影算法的重要波段提取和主成分回归建模，利用 SPSS 18.0 进行多元线性回归（MLR）建模，并利用 Origin 8.0 制图。

#### 4.2.2.3　模型评价

模型评价选用第 3 章干旱胁迫后冬小麦生理指标定量监测研究构建模型评价指标。

## 4.3　研究意义

国内外学者对于冬小麦的冻害遥感监测进行了一些研究，但大多基于宏观方面，监测精度不高，难以满足现实需求。而利用多元统计分析方法提取冻害胁迫后冬小麦产量重要光谱波段和对产量最佳估算时期的研究较少。因此，本研究利用高分辨率的光谱技术，通过模拟冬小麦冻害发生，研究光谱对冻害冬小麦的响应特征，运用多种预处理方法对冬小麦冠层光谱数据进行处理，利用多变量波段选择方法对冬小麦产量的高光谱信息进行深入提取和挖掘，并基于所提取的冬小麦产量的光谱特征，运用化学计量学方法构建和优化冬小麦产量预测模型，实现模型普适性和稳健性的有效统一。山西春季后由于气温的突然降低导致冬小麦在拔节期遭受低温的胁迫，表现为冬小麦细胞内部结构损伤，水分、有机质等营养成分的运输受到一定的阻碍，细胞间隙中的水分因温度过低而结冰，体积膨胀、产生压力，细胞内的水分不断向细胞间隙渗透，造成原生质脱水，叶绿素含量降低（王忠，2000）。但是外表的形态变化不是非常明显，很难辨别，相关部门对作物受灾程度与范围很难准确地预报。冻害发生后，实时、快速、无损掌握和了解冬小麦的冻害发生面积和受灾程度，以及冬小麦低温胁迫灾害后产量与产量要素变化特征。对冬小麦遭受低温胁迫后进行产量早期估测及研究，对相关部门制定预防和补救措施具有重要意义。依靠传统的实地调查法耗时、费力、时效性差，而利用高光谱遥感技术为解决这一问题提供了有效的手段（冯玉香 等，1996）。因此，冬小麦冻害发生后，利用高光谱技术进行实时监测，对实现冬小麦产量的准确估算具有重要的意义。

## 4.4　试验设计

2014 年 9 月至 2015 年 6 月在华北黄土高原地区作物栽培与耕地保育科学观测试验站进行，分为盆栽冻害试验和大田冻害试验，花盆冻害试验用于模型的建立，大田试验用于模型的验证。供试小麦有两个品种，分别为晋太 182 和临麦 7006，晋太 182 为强冬性品种，临麦 7006 为弱冬性品种。试验选用的土壤为具有中等肥力水平黄土母质发育而形成的石灰性褐土，试验土壤碱性氮含量 53.82 mg·$kg^{-1}$、磷含量 18.44 mg·$kg^{-1}$、钾含量 236.91 mg·$kg^{-1}$、有机质含量 22.01 g·$kg^{-1}$。以下为盆栽及大田试验的具体内容。

盆栽试验：设置的处理温度为 –2 ℃、–4 ℃、–6 ℃；处理时间为 4 h、8 h、12 h，分别记作：12 h/（–6 ℃）、12 h/（–4 ℃）、12 h/（–2 ℃）、8 h/（–6 ℃）、8 h/（–4 ℃）、8 h/（–2 ℃）、4 h/（–6 ℃）、4 h/（–4 ℃）、4 h/（–2 ℃）和 CK（两个对照组）共计 10 个处理，每个处理 9 盆，两个品种处理相同，共计 99 盆。利用 22 cm 内径规格的花盆种植冬小麦，在种植时，花盆间距设置为 15 cm，盆栽试验的占地面积为 8 m × 3.2 m=25.6 $m^2$。进行培土后，将土壤装于盆中，施复合肥 9 g 左右，作为花盆的基肥。在播种期（2014 年 9 月下旬），在每个花盆中播种 40 粒种子，在三叶期进行定苗，留长势均匀的植株 20 株作为试验植株。定苗后，施有机肥 80 g，表面放 0.5 cm 厚沙子，防止土壤板结，然后在拔节期进行追肥，基追比为 6∶4。于冬小麦拔节期（2015 年 4 月）采用低温光照培养箱（Thermo RS-232，最低温度可达到 –16 ℃）。工作时，仪器温度降至 –2 ℃、–4 ℃、–6 ℃的时间分别为 0.4 h、0.6 h、1.2 h。将盆从田间取出，搬至实验室内对其进行冻害处理。

大田试验：冬小麦于播种期在山西农业大学农作站大田种植，处理设置均与花盆相同，施复合肥 750 kg·$hm^{-2}$ 作为基肥，灌水量等均按照正常田间作物管理进行，拔节期追肥，基追比为 6∶4。选取长势均匀的 1 $m^2$ 地块采用自制野外冷冻试验箱（最低温度可达 –10 ℃）。工作时，仪器温度降至 –2 ℃、–4 ℃、–6 ℃的时间分别为 0.3 h、0.4 h、0.7 h。同期进行冻害处理。

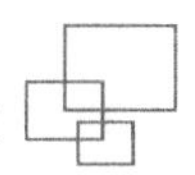

# 4.5　指标测定及多元统计分析方法

## 4.5.1　指标测定

### 4.5.1.1　冠层光谱测定

采用美国 ASD 公司生产的 FieldSpec 3 便携式地物光谱仪进行测定，测量波段为 350~2500 nm，视场角度为 25°。分别在冻后 5 d（拔节期）、10 d（孕穗期）、20 d（抽穗期）、25 d（开花期）35 d（灌浆期）和 50 d（成熟期）进行光谱数据采集，由于天气状况会给光谱测量带来一定的影响，导致试验数据不准确甚至错误，所以测量时要选择晴朗、无风天气，测定时间段为 10：00—14：00。测量时传感器探头垂直向下，每次测量都进行白板校正。对准小麦冠层，盆栽试验距离 30 cm，大田试验距离 1 m。每次测量记录光谱值曲线 8 条，取平均值，最后导出数据，即为原始光谱。

### 4.5.1.2　产量指标测定

盆栽试验在收获期每个处理选出长势均匀的三盆冬小麦，测定花盆内所有冬小麦的产量构成要素（成穗数、穗粒数、千粒重）。大田试验中选取 1 $m^2$ 冬小麦，选取大田长势相当的冬小麦作为样本区域，测定产量构成要素，单位统一换算为产量（$kg \cdot hm^{-2}$）。

穗数的测定：由于盆栽试验前期进行了定苗，播种的冬小麦植株数量均为 20 株，所以本试验在成熟期对不同处理选取三盆进行穗数测定，然后求平均值，得出不同处理下的穗数；大田试验采用单株穗数，具体为选取同一处理长势均匀的 10 株冬小麦，测定 10 株的总穗数，除以 10 求出其单株平均穗数。

穗粒数测定：盆栽试验与大田试验均选取同一处理下长势一致的 10 个植株，测量其穗粒数总数，然后除以所有的穗数，其平均值作为穗粒数。

千粒重测定：称量 10 株冬小麦的穗粒总重，然后除以所选小麦的所有穗粒数，得到同一处理每粒的平均值乘以 1000 算出其千粒重指标。

产量测定：盆栽试验为挑取同一处理下三个花盆的所有冬小麦植株，测定其所有植株的穗粒总重，然后除以三盆冬小麦的总植株个数，即为冬小麦的单株产量；大田试验为测定 1 $m^2$ 内冬小麦籽粒产量，并换算为 $kg \cdot hm^{-2}$。

## 4.5.2 多元统计分析方法

本章节主要使用的方法为连续投影算法（SPA）、多元线性回归（MLR）和主成分回归（PCR）。

PCR 是一种有效的降维处理方法，一般来说，经 PCR 处理后的多个变量可以得到 2 个以上的主成分（PC），第一主成分须尽可能多地表征变量信息，第二主成分在补充第一主成分丢失信息的基础上尽可能多地提取剩余变量信息，以此类推，当所提取的主成分的积累贡献量达到总变量信息的 85% 以上时，则可以利用所提取的主成分替代原始变量。

PCR 是在主成分分析的基础上，利用 MLR 回归方法构建所提取的主成分与因变量回归模型，尤其适用于自变量较多且自变量之间具有较高共线性或相关性的数据分析中。

# 4.6 光谱与冻害胁迫后冬小麦敏感响应性分析

## 4.6.1 冬小麦冠层光谱反射率

图 4.2a 为晋太 182、图 4.2b 为临麦 7006 在正常田间管理下（对照组）的冠层光谱反射率。

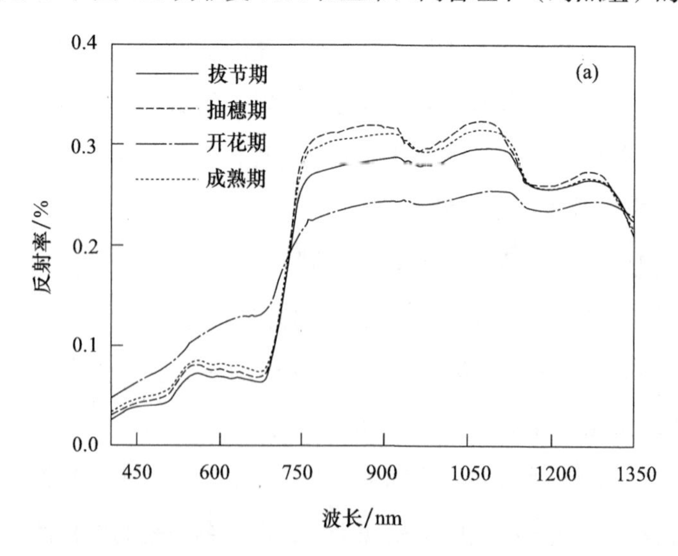

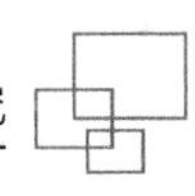

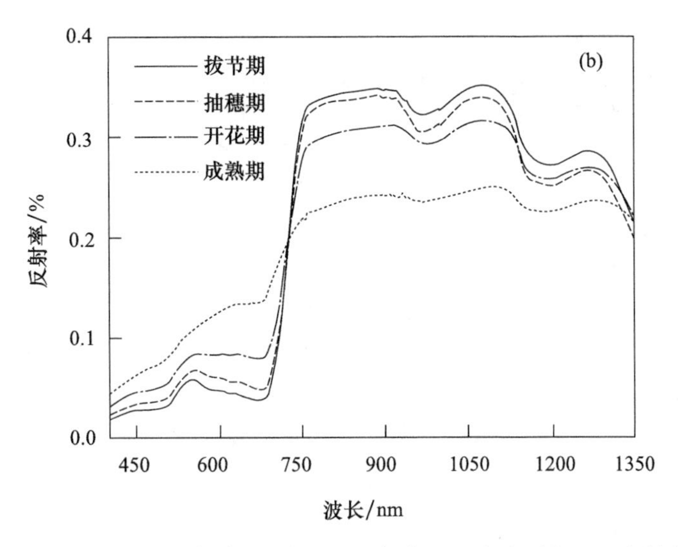


图 4.2　冬小麦晋太 182（a）、临麦 7006（b）不同生育时期冠层光谱变化特征

从图中可以看出，拔节期的冠层光谱反射率在可见光波段（400~680 nm）范围内最低，随着冬小麦生育时期的推进，反射率逐渐升高。在 550 nm 绿光波段出现了一个较高的峰值，在 650~680 nm“红谷”位置出现了一个吸收谷；680~730 nm“红边”区域内反射率突然升高；近红外波段（780~1350 nm）形成了一个很高的反射平台。就全生育时期来看，冬小麦冠层光谱反射率呈升高趋势，近红外高反射率平台处晋太 182 在抽穗期达到最高为 0.321%，临麦 7006 则达到 0.352%。成熟期近红外高反射率平台处反射率降至最低。此时，冠层光谱的“双峰”消失，不再具备绿色植被典型的光谱特征，究其原因，是随着生育期的推进与发展，冬小麦外部形态和内部结构都会发生明显的变化，最终导致冠层光谱反射率的变化，表明冬小麦冠层光谱对全生育期的冬小麦长势状况的响应是敏感的。

## 4.6.2　冻害胁迫处理后冠层光谱反射率

图 4.3 为不同低温胁迫条件不同品种冬小麦冠层光谱特征，图 4.3a 为低温胁迫后 5 d 时冬小麦冠层光谱反射率，图 4.3b 为低温处理（12 h/（−2 ℃））后不同时期的冠层光谱反射率。

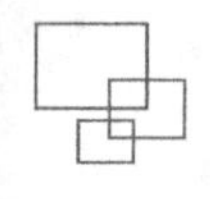

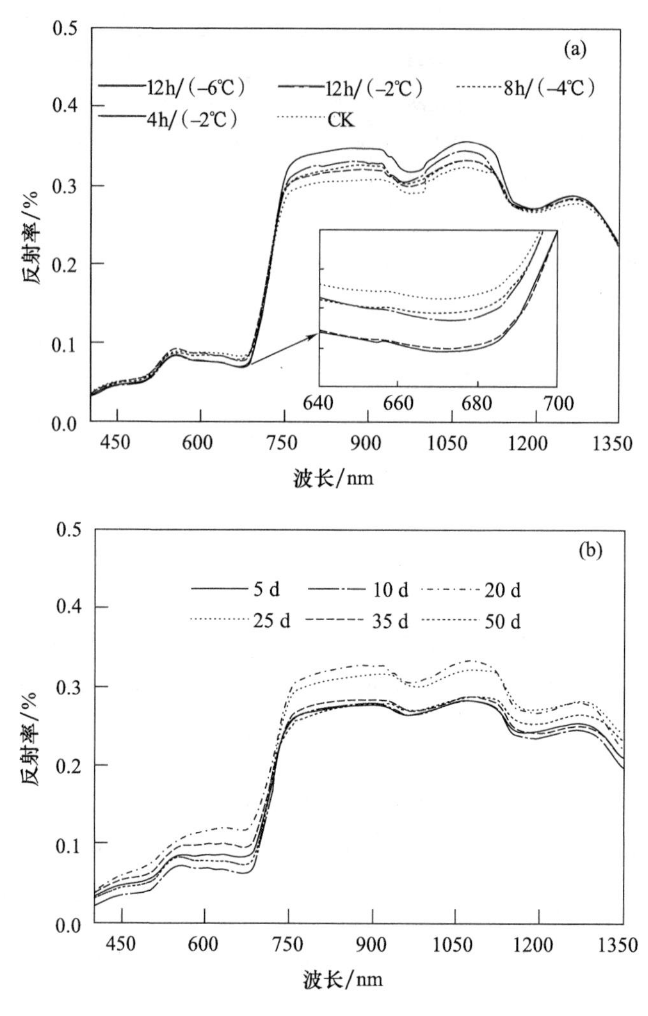


图 4.3　低温胁迫条件下冬小麦冠层光谱特征

从图 4.3 可知，各处理光谱反射率曲线具有相同的光谱曲线特征，但反射率值存在一定的差异。在可见光范围内，对照组（CK）反射率最高，随着冻害胁迫程度的增加，反射率逐渐降低；在近红外波段，各胁迫处理光谱反射率均高于对照组（CK），并且随着冻害程度的提高而升高；“红谷”位置（650~680 nm）随着冻害程度的提高呈逐渐降低的趋势；而在近红外区域却随着冻害程度的加深而升高，“红边”位置向短波方向发生不同程度的移动，发生“蓝移”现象。同一低温胁迫处理（12 h/（-2 ℃））不同生育时期比较表明，除冻后 50 d 其余各生育阶段冠层光谱曲线变化基本一致；冻后 20 d 光谱反射率在近红外波段出现了较高的反射平台；随着冻后天数的增加，“红边”位置出现“蓝移”现象。结合冻后冬小麦的生理变化和形态变化可知，随着冻害胁迫程度的提高，植株体内发生叶绿素降低、

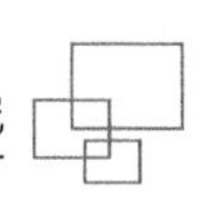

可溶性糖增加等生理变化，冠层光谱反射率也随之呈现规律性的变化。随着生育期的推进，冬小麦会逐渐恢复生长，与冠层光谱变化规律一致，说明冠层光谱对低温胁迫的响应敏感。

# 4.7　产量及其构成要素的差异性分析

## 4.7.1　不同低温处理下穗数指标差异性分析

从图 4.4 可以看出，除了 CK、4 h/（–2 ℃）两个处理外，冬小麦晋太 182 的穗数整体高于临麦 7006，且各个处理间差异显著。晋太 182 在低温处理时间为 8 h 时，随着温度的降低，穗数依次降低，而临麦 7006 的变化规律不是特别明显。处理时间为 12 h 时，两个品种的穗数均随着温度的降低而减少。处理温度为 –2 ℃时，晋太 182 以 8 h 处理穗数最多，而临麦 7006 则呈递减趋势。临麦 7006 在 12 h/（–6 ℃）处理下，穗数达到了最低值 24 穗，比对照组（CK）降低了 12 穗，降幅达到了 33.33%。与对照相比，经低温胁迫后两个品种穗数都出现了不同程度的降低，相同时间处理情况下，随着处理温度的降低逐渐减少；相同温度处理情况下，随着处理时间的延长逐渐减少。

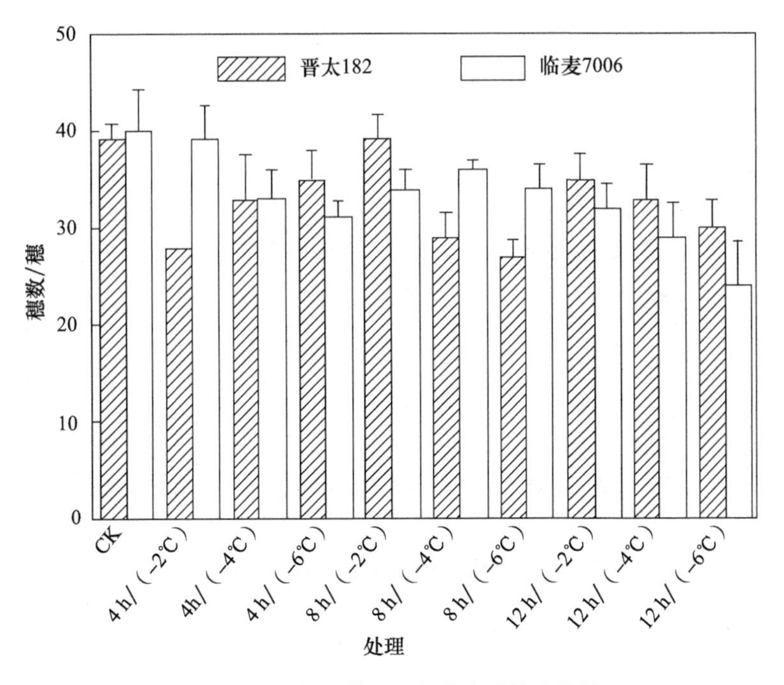


图 4.4　不同低温处理下冬小麦穗数变化情况

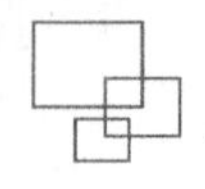

### 4.7.2 不同低温处理下穗粒数指标差异性分析

图 4.5 是在不同低温处理下冬小麦的穗粒数变化情况。由图可知，冬小麦临麦 7006 的穗粒数整体高于晋太 182。晋太 182 所有的低温处理下穗粒数全部低于对照组（CK），临麦 7006 除了 4 h/（–2 ℃）、4 h/（–4 ℃）两个处理分别为 40 粒、38 粒，其余处理下的穗粒数也全部低于对照组（CK）；在 8 h 与 12 h 相同低温处理时间下，随着温度的逐渐降低，两个品种的穗粒数也随之逐渐降低，变化规律相似。临麦 7006 在处理时间都为 8 h、处理温度由 –4 ℃降低为 –6 ℃时，穗粒数由 35 粒变为 26 粒，降幅最大，说明处理温度对冬小麦的穗粒数影响较大。晋太 182 的 12 h/（–6 ℃）处理与对照组（CK）相比降幅达到了最大值 44.12%。然而在 4 h 处理时间下，晋太 182 的穗粒数分别为 17 粒、23 粒、17 粒，规律不是特别明显。总体来看，冬小麦的穗粒数在相同低温胁迫时间下随着处理温度的降低而减少；在相同处理温度下随着胁迫时间的增加也呈逐渐降低的规律。

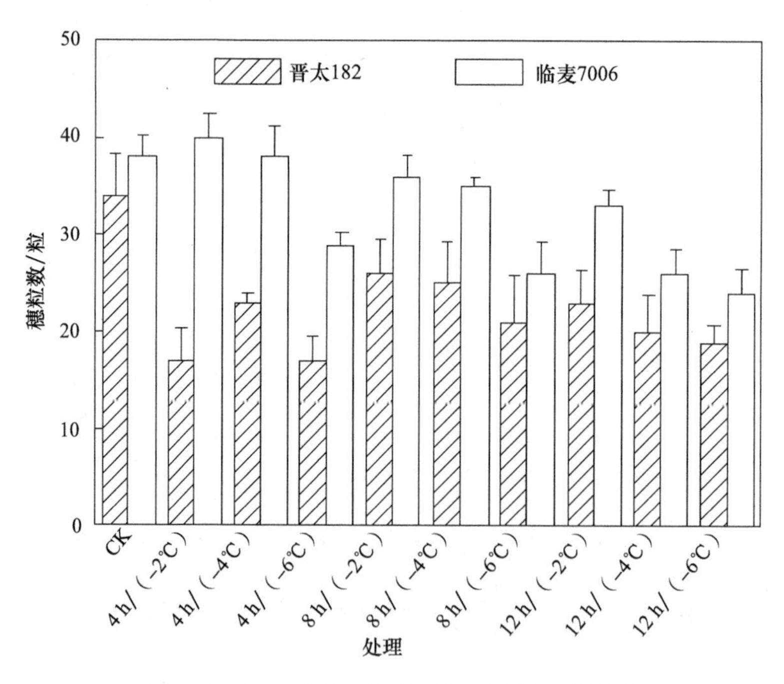


图 4.5　不同低温处理下冬小麦穗粒数变化情况

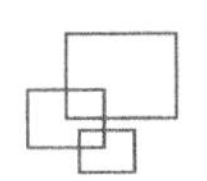

### 4.7.3 不同低温处理下千粒重指标差异性分析

图 4.6 是在不同低温处理下冬小麦的千粒重变化情况。两个品种相比，冬小麦临麦 7006 的千粒重整体高于晋太 182。随着低温处理的时间和温度的变化，千粒重并没有出现大幅度的变化。晋太 182 仅在处理时间为 8 h 时随着温度的降低出现了小幅度的升高，其余两个处理温度条件下表现均不明显。临麦 7006 在 8 h 与 12 h 两个时间处理下变化也不是特别明显。在处理温度为 –6 ℃、处理时间分别为 4 h、8 h、12 h 时，所对应的千粒重分别为 38.667 g、41.333 g、38.851 g，说明相同处理温度下随着胁迫时间的增加，千粒重出现先增加后减低的趋势。综上所述，可以看出胁迫时间对千粒重的变化影响更大。

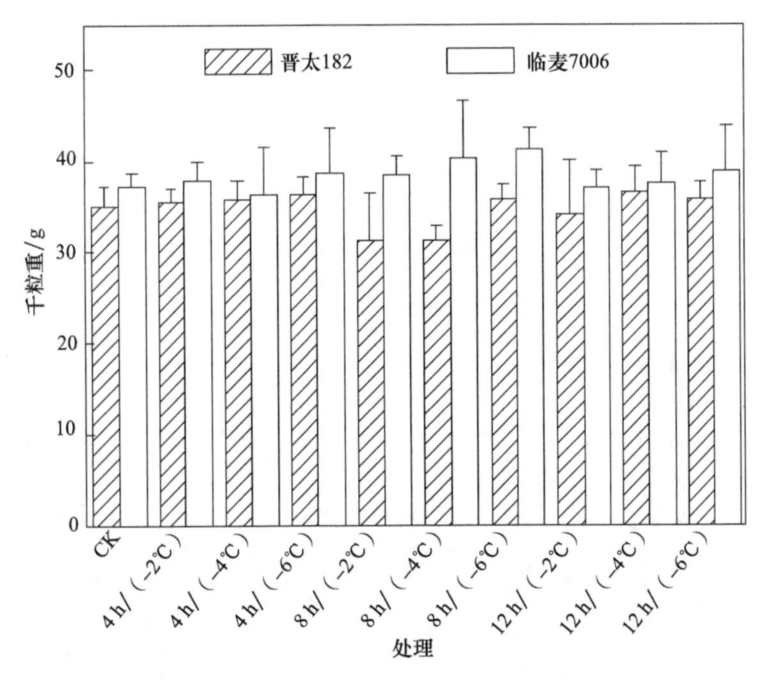


图 4.6　不同低温处理下冬小麦千粒重变化情况

### 4.7.4 不同低温处理下产量指标差异性分析

从图 4.7 可以看出，冻害胁迫后冬小麦都会出现不同程度的减产，仅有冬小麦临麦 7006 的 4 h/（–2 ℃）与 8 h/（–2 ℃）两个处理不符合此规律，没有出现减产现象，其余两个品种的所有处理全部出现了减产现象。在处理温度为 –6 ℃时，临麦 7006 的产量随着处理时间的增加出现了降低，分别为 7968.36 kg · $hm^{-2}$、7153.48 kg · $hm^{-2}$、3677.54 kg · $hm^{-2}$，均低于对照组（CK）8852.20 kg · $hm^{-2}$，由此可以看出，相同处理温度条件下，随着冻害胁迫时间的增加产量降低。处理时间为 12 h 时，产量分别为 6495.64 kg · $hm^{-2}$、4840.43 kg · $hm^{-2}$、3677.54 kg · $hm^{-2}$，表明相同处理时间时随着胁迫温度的降低，产量也出现了降低。

综合分析两个品种冬小麦，在不同低温胁迫程度条件下，随着冻害胁迫程度的提高，两个品种的冬小麦的穗数逐渐降低，穗粒数也逐渐降低，而千粒重在受到低温胁迫后短时间内先呈增加趋势，但是随着胁迫时间的增加，千粒重也逐渐呈降低趋势，产量随着冻害胁迫程度的提高也出现了逐渐降低的趋势。由于晋太 182 为强冬性品种，临麦 7006 为弱冬性品种，根据分析可知，晋太 182 与临麦 7006 相比，经过低温胁迫后，临麦 7006 产量降低幅度要比晋太 182 降低幅度大，说明强冬性品种晋太 182 有较高的抗低温胁迫能力。

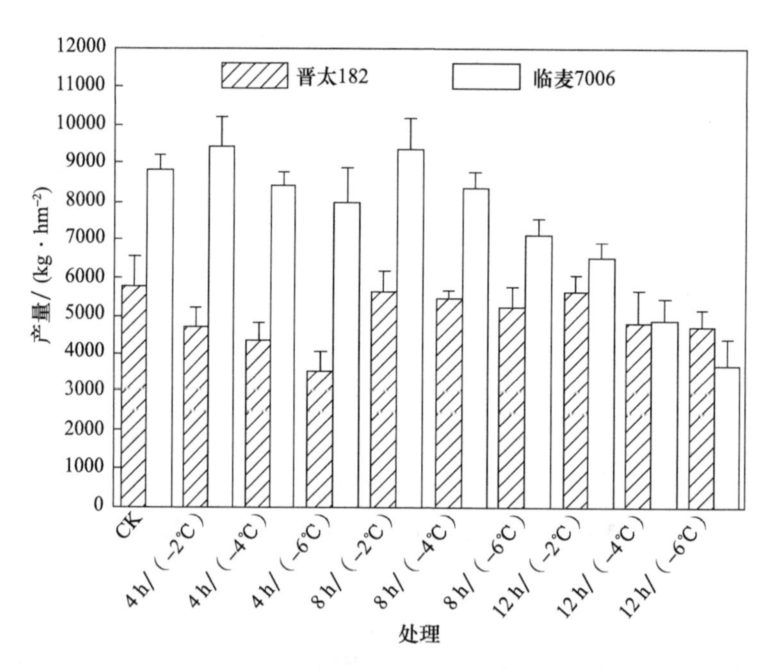


图 4.7　不同低温处理下冬小麦产量变化情况

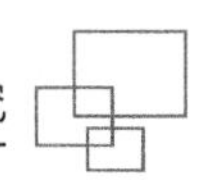

# 4.8　产量及其构成要素与冠层光谱的相关性分析

## 4.8.1　穗数与冠层光谱反射率的相关性分析

由图 4.8 可知，冻后 20 d 冬小麦穗数在 729 nm 处反射率呈正相关且相关系数最高，为 0.602。各生育阶段相关系数均在 680~750 nm 处出现突变，冻后 5 d 可见光波段范围内相关系数较低，在 695~1350 nm 波段全部处于负相关，且相关系数较低，相关性较差。

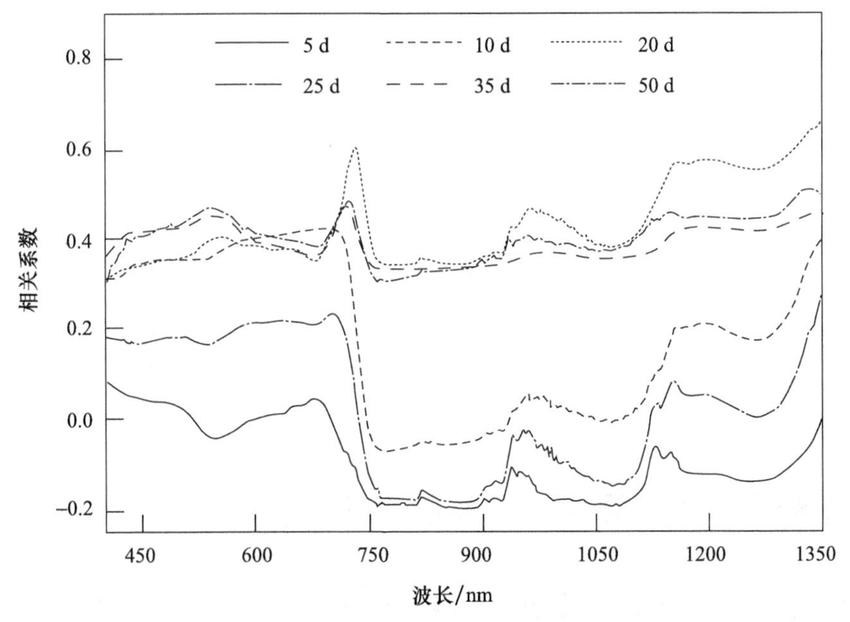


图 4.8　冬小麦穗数与冠层光谱反射率的相关性分析

## 4.8.2　穗粒数与冠层光谱反射率的相关性分析

图 4.9 为冬小麦穗粒数与低温胁迫后不同时期的冠层光谱的相关分析。整体来看，穗粒数与不同生育时期的冬小麦冠层光谱相关系数较高，基本上达到了显著相关水平。冠层光谱在冻后 20 d 与冻后 35 d 在可见光波段范围内相关系数较低，呈负相关。在“红边”位置 700~750 nm 处出现了突变，冻后 20 d 在 748 nm 处相关系数值达到

0.82，呈正相关，冻后 35 d 在 751 nm 处相关系数达到了 0.52，呈正相关。冠层光谱与冬小麦穗粒数冻后 5 d 的相关系数基本都在 0.6 左右，在可见光范围内相关系数达到了 –0.70，呈负相关。综上表明，冻害后冬小麦冠层光谱与冬小麦穗粒数具有较好的相关关系。

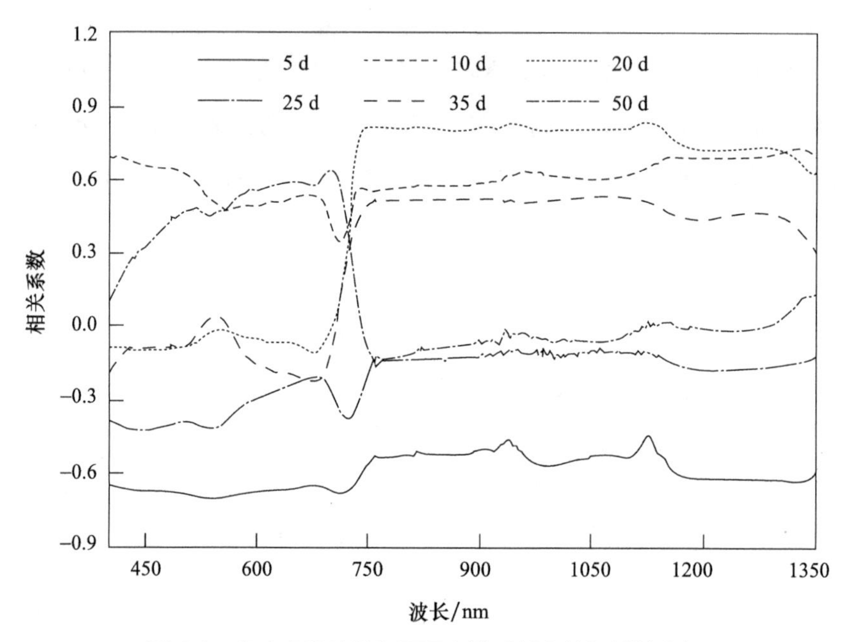


图 4.9 冬小麦穗粒数与冠层光谱反射率的相关性分析

## 4.8.3 千粒重与冻后冠层光谱反射率的相关性分析

千粒重与冻后不同天数冠层光谱具有较好的相关性（图 4.10）。冻后 5 d 基本稳定在 –0.6，在 720 nm 处达到了最高为 –0.70。相关系数最高的为冻后 50 d 在 670 nm 处为 0.72，呈正相关。图中冻后 25 d 在 678 nm 处相关系数仅为 –0.06，相关性很差。从 620 nm 处开始，相关系数突然升高，在 731 nm 处达到 –0.62，相关系数较高，相关性较好。冻后 50 d 在可见光范围内相关系数基本为 0.6，呈正相关，在 700 nm 处突然降低然后负相关升高。

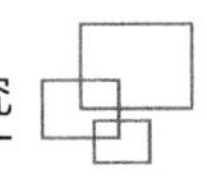

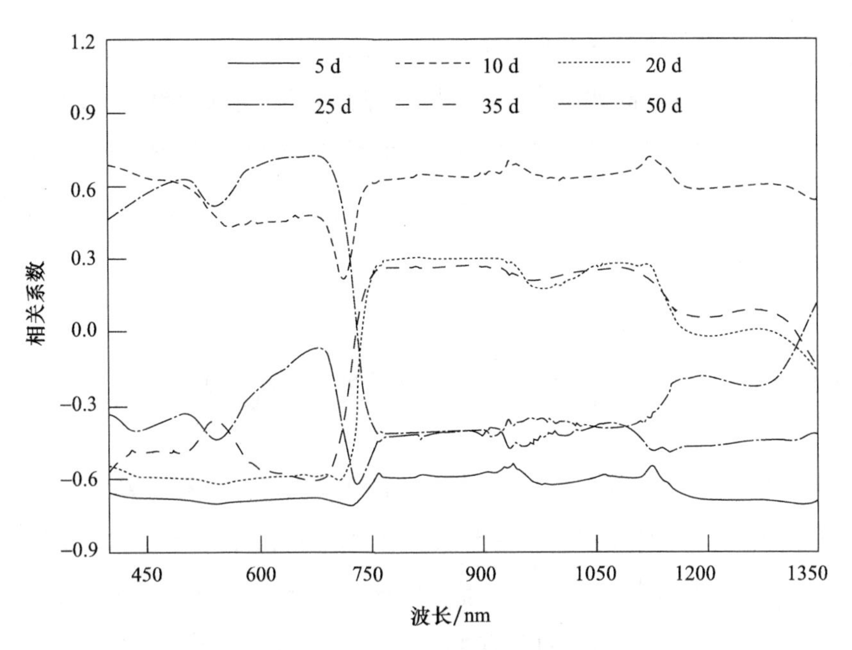


图 4.10　冬小麦千粒重冠层光谱反射率的相关性分析

## 4.8.4　产量与冠层光谱反射率的相关性分析

从图 4.11 中可以看出，各个生育时期光谱反射率与冬小麦产量的相关性达到了显著

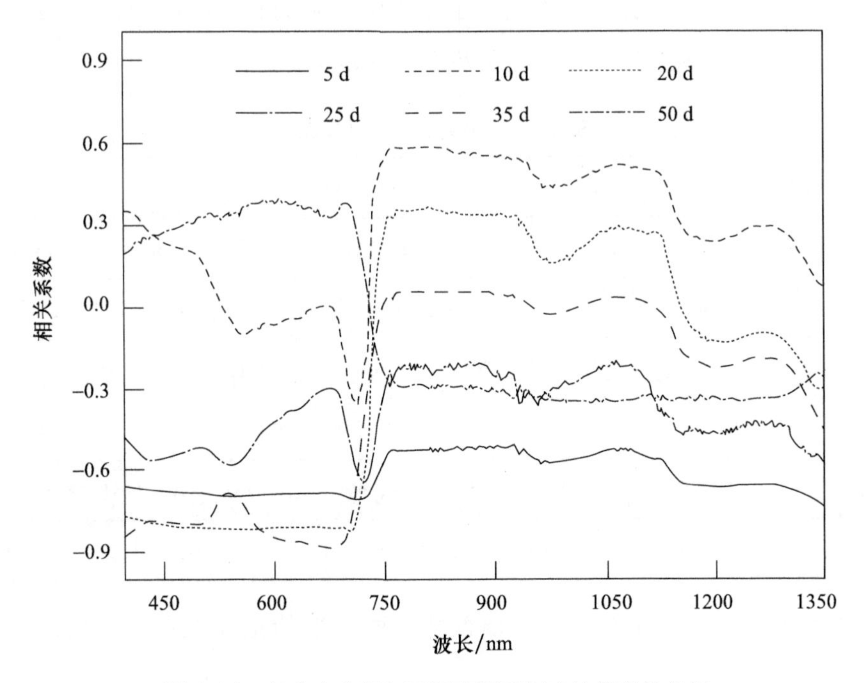


图 4.11　冬小麦产量与冠层光谱反射率的相关性分析

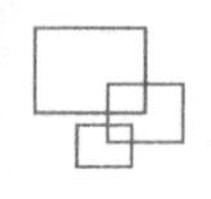


水平。冻后 20 d 和冻后 35 d 在 476~490 nm 蓝光波段相关系数达到了 0.8，呈负相关。冻后 35 d 冬小麦产量与 680 nm 波段反射率呈极显著负相关，相关系数达 –0.9。

低温胁迫后冬小麦冠层光谱与产量及产量构成要素的相关系数都较高，基本上达到了显著水平，在“红边”位置相关系数发生了突变，且相关系数较高。这为准确提取产量的重要波段提供了可行性。

## 4.9 基于 SPA 方法的重要波段提取

表 4.1 为利用 SPA 算法提取的低温胁迫后不同天数的冬小麦穗数的重要波段。从表 4.1 中可以看出，所提取的重要波段主要集中在 400 nm、679 nm、761 nm 和 1350 nm 附近，共有 44 个处于可见光与“红边”位置（400~780 nm），占所有重要波段的 51.2%，处于“红边”位置（680~780 nm）的共有 19 个，并且每个生育时期入选的重要波段都有许多相似波段，如绿光波段范围内分别有 520 nm、542 nm、562 nm、530 nm、537 nm 和 533 nm。从生理角度分析，这是由于色素吸收造成的，特别是叶绿素 a 和叶绿素 b 在蓝光和红光附近的强吸收及在绿光附近的强反射。冻后 50 d（成熟期）入选波段处于“红边”位置的仅有 2 个重要波段，而其余时期则较多，冻后 20 d 与冻后 25 d 处于“红边”位置的波段各有 4 个，说明“红边”区域对冬小麦穗数响应敏感。研究表明冬小麦冠层光谱的绿光波段和“红边”区域与冻害冬小麦长势具有重要的关系。

**表 4.1　冬小麦穗数的重要波段**

| 低温胁迫后天数 /d | 重要波段 /nm |
|---|---|
| 5 | 400、520、679、701、721、761、1068、1128、1156、1325、1350 |
| 10 | 403、433、542、672、706、729、758、968、976、1062、1116、1129、1147、1234、1325、1350 |
| 20 | 400、442、562、680、723、761、768、934、1065、1119、1125、1163、1274、1332、1350 |
| 25 | 400、430、530、660、702、722、758、761、883、933、986、1103、1125、1234、1333、1350 |
| 35 | 401、408、428、486、537、679、696、714、761、870、1151、1325、1350 |
| 50 | 400、494、533、636、677、720、746、877、1105、1121、1125、1155、1234、1331、1350 |

从表 4.2 可以看出，对于冬小麦穗粒数，所提取的重要波段 48 个位于可见光和

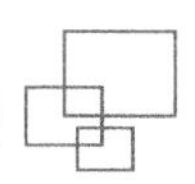

“红边”区域内，占所选重要波段的 53.9%。其中，冻后 10 d、25 d 和 50 d 各有 3 个重要波段位于“红边”区域，冻后 20 d、35 d 位于“红边”区域的有 4 个。五个时期都有与 400 nm、677 nm 和 761 nm 相近的波段被选出，冻后 5 d、20 d、35 d 和 50 d 四个时期选出的重要波段都有 761 nm，说明 400 nm、677 nm 和 761 nm 波段处含有重要的小麦长势信息，所提取的重要波段用于模型的构建是可行的。

**表 4.2　冬小麦穗粒数的重要波段**

| 低温胁迫后天数 /d | 重要波段 /nm |
| --- | --- |
| 5 | 400、459、530、677、727、761、939、1068、1123、1156、1326、1350 |
| 10 | 403、433、542、672、706、735、758、933、976、992、1116、1128、1132、1165、1327、1350 |
| 20 | 403、441、536、677、704、735、758、761、982、1107、1125、1152、1260、1332、1350 |
| 25 | 407、429、481、530、679、700、722、775、882、935、986、1000、1086、1126、1269、1327、1343 |
| 35 | 401、429、486、541、676、708、724、758、761、1076、1245、1350 |
| 50 | 400、417、453、503、530、583、677、701、741、761、987、1079、1126、1199、1306、1330、1350 |

从表 4.3 中可以看出，对于冬小麦千粒重，在不同低温胁迫天数所提取的重要波段分别集中在 400 nm、680 nm、730 nm、1120 nm、1350 nm 波段周围。入选波段位于可见光和“红边”区域内的共有 43 个，占所有重要波段的 50.6%。其中，冻后中后期（冻后 25 d、35 d、50 d）入选波段位于“红边”区域内的仅有 2 个，冻后 20 d 的重要波段位于“红边”位置的有 5 个。不同低温胁迫天数后分别有 519 nm、535 nm、574 nm、530 nm、541 nm、538 nm 处于“绿峰”附近，说明“红边”位置及“绿峰”位置冠层光谱对冬小麦低温胁迫后千粒重响应敏感。

**表 4.3　冬小麦千粒重的重要波段**

| 低温胁迫后天数 /d | 重要波段 /nm |
| --- | --- |
| 5 | 400、519、677、708、730、762、943、1061、1125、1154、1319、1350 |
| 10 | 403、446、535、722、733、762、933、976、992、1116、1128、1150、1266、1342、1350 |
| 20 | 403、442、574、680、717、738、758、761、972、1119、1131、1153、1235、1335、1350 |

续表

| 低温胁迫后天数 /d | 重要波段 /nm |
|---|---|
| 25 | 402、430、530、678、696、724、762、789、932、986、1000、1098、1125、1278、1333、1350 |
| 35 | 401、429、486、541、676、695、710、761、1008、1130、1325、1350 |
| 50 | 400、406、482、538、597、687、720、758、867、987、1120、1153、1224、1330、1350 |

从表 4.4 可以看出，对于冬小麦产量，入选重要波段集中在 400 nm、530 nm、710 nm、760 nm 和 1350 nm 附近。所提取的重要波段除冻后 25 d 外，其他时间有 64.4% 左右的入选波段位于可见光和“红边”区域内。其中，冻后初期（冻后 5 d 和 10 d）入选波段中有较多的波段集中于“红边”区域内。而许多研究证实作物受胁迫后，冠层光谱的“红边”区域对其响应敏感，表明冬小麦光谱的“红边”区域与冻害冬小麦长势具有重要的关系。

表 4.4　冬小麦产量的重要波段

| 低温胁迫后天数 /d | 重要波段 /nm |
|---|---|
| 5 | 400、406、424、481、532、692、702、706、710、713、723、764、917、1021、1127、1228、1348 |
| 10 | 403、464、551、687、708、715、721、722、723、732、736、758、934、1120、1158、1197、1310、1350 |
| 20 | 403、430、681、703、705、710、733、740、757、925、934、1000、1127、1133、1151、1288、1326、1350 |
| 25 | 430、677、703、709、720、732、765、769、875、986、1124、1174、1184、1209、1275、1315、1323、1350 |
| 35 | 408、538、622、679、688、697、711、713、715、718、719、757、762、1068、1125、1211、1288、1350 |
| 50 | 400、539、544、549、556、564、585、633、678、694、725、758、934、1087、1149、1206、1331、1350 |

利用 SPA 方法提取冬小麦产量构成要素及产量的重要波段中，穗数的重要波段分布在 400 nm、679 nm、761 nm 和 1350 nm 左右；入选穗粒数重要波段在 400 nm、677 nm 和 761 nm 的相近波段较多；提取的千粒重重要波段在 400 nm、680 nm、730 nm、1120 nm 和 1350 nm 附近；冬小麦的产量的重要波段则出现在 400 nm、530 nm、710 nm、760 nm

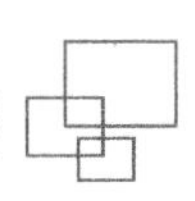

和 1350 nm 五个波段或相似波段附近。从所提取的重要波段可以看出，出现了许多相同或相似的波段，从生理角度看，冻害发生后，冬小麦植株体内会出现明显的生理生化变化，如叶绿素下降、可溶性糖增加、胁迫酶活性提高等，最终影响冬小麦长势，因此，利用所提取的重要波段建立冻后冬小麦产量早期估测模型是可行的。

## 4.10　产量光谱估测模型建立

构建冻后冬小麦产量及产量构成要素的光谱监测模型是将光谱技术应用于实践的主要目标。本书在基于 SPA 方法提取的冻后冬小麦产量及产量构成要素的重要波段基础上，利用 MLR 方法构建光谱模型，并对比分析基于 PCR 方法的全波段光谱模型的表现，在利用大田冻害试验进行验证后，综合评定冬小麦产量及产量构成要素的早期估测模型及最佳估测时间。

### 4.10.1　冻后冬小麦穗数光谱估测模型

表 4.5 为不同建模方法条件下冻后冬小麦穗数的早期估测模型。构建的 SPA-MLR 穗数估测模型表现较好的为冻害后 25 d（$R^2$=0.863，RMSEC=1.590，RPD=2.602），验证集验证后表现也较好（$R^2$=0.822，RMSEP=2.217，RPD=2.277），冻后 20 d（$R^2$=0.829，RMSEC=1.803，RPD=2.305）表现次之；而冻后 35 d 建立的校正集模型（$R^2$=0.525，RMSEC=2.945，RPD=0.993）预测能力很差。另外，Chang 等（2002）认为，RPD 低于 1.4 时，说明模型具有较差的预测能力，难以应用于实践。构建的 PCR 穗数估测模型有着较好表现的同样为冻后 25 d（$R^2$=0.862，RMSEC=1.636，RPD=2.587），经大田验证集验证后模型表现也较好（$R^2$=0.874，RMSEP=1.537，RPD=2.504）。表现次之的同样为冻后 10 d 与冻后 20 d 所建立的模型，校正集模型的 RPD 分别达到了 2.327 与 2.383，验证集验证后 RPD 分别达到了 2.137 与 2.376，均大于 2，模型表现与冻后 25 d 相比较差，但是因其仍达到了模型应用于实践的要求，两个生育时期的模型同样具有较好的模型表现。综合两种利用多元统计方法建立的穗数监测模型，利用 MLR 建立的冻后 25 d 估测模型具有最好的模型表现，最佳的估测时期为冻后 25 d。

**表 4.5　基于 SPA-MLR 和 PCR 方法的冻后冬小麦穗数的早期估测模型评价**

| 多元统计方法 | 低温胁迫后天数 /d | 校正集 | | | 验证集 | | |
|---|---|---|---|---|---|---|---|
| | | $R^2$ | RMSEC | RPD | $R^2$ | RMSEP | RPD |
| 多元线性回归 | 5 | 0.765 | 2.069 | 1.803 | 0.765 | 2.032 | 1.735 |
| | 10 | 0.835 | 1.755 | 2.300 | 0.794 | 3.000 | 1.985 |
| | 20 | 0.829 | 1.803 | 2.305 | 0.735 | 2.343 | 1.918 |
| | 25 | 0.863 | 1.590 | 2.602 | 0.822 | 2.217 | 2.277 |
| | 35 | 0.525 | 2.945 | 0.993 | 0.742 | 2.659 | 1.002 |
| | 50 | 0.694 | 2.597 | 1.767 | 0.782 | 3.912 | 1.724 |
| 主成分回归 | 5 | 0.700 | 2.358 | 1.814 | 0.760 | 1.966 | 1.982 |
| | 10 | 0.815 | 1.833 | 2.327 | 0.814 | 2.005 | 2.137 |
| | 20 | 0.825 | 1.849 | 2.383 | 0.843 | 1.808 | 2.376 |
| | 25 | 0.862 | 1.636 | 2.587 | 0.874 | 1.537 | 2.504 |
| | 35 | 0.653 | 2.389 | 1.698 | 0.682 | 2.687 | 1.666 |
| | 50 | 0.726 | 2.235 | 1.909 | 0.764 | 2.148 | 1.990 |

## 4.10.2　冻后冬小麦穗粒数光谱估测模型

从表 4.6 中可以看出，利用 SPA-MLR 所构建冻害后 20 d 的穗粒数估测校正集模型表现最好（$R^2$=0.831，RMSEC=3.023，RPD=2.260），且验证集模型的表现也较为稳定和准确（$R^2$=0.908，RMSEP=2.992，RPD=2.200）。冻后 10 d、25 d、50 d 的估测模型的表现也相对较好，但是冻害胁迫后 10 d 的验证集模型 RPD 仅为 1.483，说明经大田验证后模型表现较差。冻后 35 d 穗粒数估测模型表现最差（$R^2$=0.563，RMSEC=4.759，RPD=1.130）。从表中可以看出，随着生育进程的推进，所构建的模型决定系数逐渐增大，只有冻后 35 d 较低。而利用 PCR 所构建的模型中表现最好的是冻后 10 d（$R^2$=0.852，RMSEC=3.170，RPD=2.497），大田验证后表现较好（$R^2$=0.913，RMSEP=3.349，RPD=2.292）。冻后 20 d 表现次之（$R^2$=0.797，RMSEC=3.210，RPD=2.128），经过大田验证后表现也较好（$R^2$=0.824，

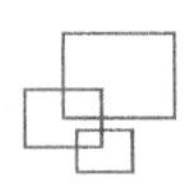

RMSEP=3.989，RPD=1.904）。相对于两种方法建立的模型，PCR 建立的模型整体优于 MLR 建立的模型，构建的监测模型表现最好的是基于 PCR 方法构建的冻后 10 d 估测模型，最佳的估测时期为冻后 10 d。

**表 4.6　基于 SPA-MLR 模型和 PCR 模型对不同时期穗粒数模型的评价**

| 多元统计方法 | 低温胁迫后天数 /d | 校正集 | | | 验证集 | | |
|---|---|---|---|---|---|---|---|
| | | $R^2$ | RMSEC | RPD | $R^2$ | RMSEP | RPD |
| 多元线性回归 | 5 | 0.787 | 3.331 | 1.926 | 0.636 | 5.274 | 1.378 |
| | 10 | 0.803 | 3.289 | 2.105 | 0.709 | 4.471 | 1.483 |
| | 20 | 0.831 | 3.023 | 2.260 | 0.908 | 2.992 | 2.200 |
| | 25 | 0.828 | 3.020 | 2.012 | 0.835 | 3.425 | 1.978 |
| | 35 | 0.563 | 4.759 | 1.130 | 0.659 | 5.121 | 1.133 |
| | 50 | 0.828 | 3.172 | 1.966 | 0.821 | 3.728 | 1.891 |
| 主成分回归 | 5 | 0.733 | 3.724 | 1.934 | 0.815 | 4.182 | 1.796 |
| | 10 | 0.852 | 3.170 | 2.497 | 0.913 | 3.349 | 2.292 |
| | 20 | 0.797 | 3.210 | 2.128 | 0.824 | 3.989 | 1.905 |
| | 25 | 0.798 | 3.282 | 2.025 | 0.854 | 3.520 | 1.987 |
| | 35 | 0.795 | 3.224 | 2.086 | 0.759 | 4.474 | 1.720 |
| | 50 | 0.747 | 3.621 | 1.989 | 0.661 | 4.795 | 1.710 |

## 4.10.3　冻后冬小麦千粒重光谱估测模型

从表 4.7 可以看出，利用 SPA-MLR 方法构建的模型中，冻害后 10 d 所构建的千粒重估测校正集模型表现最好（$R^2$=0.868，RMSEC=1.019，RPD=2.185），经大田验证（$R^2$=0.808，RMSEP=1.298，RPD=2.073）后模型也具有较好的普适性，说明预测千粒重与实际千粒重指标拟合度较高。而利用 PCR 方法构建的模型为冻后 5 d 表现最好（$R^2$=0.854，RMSEC=0.764，RPD=2.613），大田验证后表现也很好（$R^2$=0.858，RMSEP=1.153，RPD=2.360）。在 MLR 构建的模型中冻后 25 d 表现也较好，但验证集模型 RPD 大于 1.4

且小于 2.0，说明模型稳健性较差，不利于模型在实践中的应用。综合比较基于两种建模方法所建模型，基于 PCR 方法建立的冻后 5 d 千粒重估测模型最佳，千粒重的最佳估测时期为冻后 5 d。

**表 4.7　基于 SPA-MLR 模型和 PCR 模型对不同时期千粒重模型的评价**

| 多元统计方法 | 低温胁迫后天数 /d | 校正集 | | | 验证集 | | |
|---|---|---|---|---|---|---|---|
| | | $R^2$ | RMSEC | RPD | $R^2$ | RMSEP | RPD |
| 多元线性回归 | 5 | 0.687 | 1.371 | 1.480 | 0.766 | 1.391 | 1.583 |
| | 10 | 0.868 | 1.019 | 2.185 | 0.808 | 1.298 | 2.073 |
| | 20 | 0.733 | 1.347 | 1.856 | 0.684 | 1.538 | 1.583 |
| | 25 | 0.772 | 1.235 | 2.048 | 0.686 | 1.601 | 1.634 |
| | 35 | 0.777 | 1.178 | 1.993 | 0.714 | 1.519 | 1.744 |
| | 50 | 0.644 | 1.847 | 1.625 | 0.722 | 1.442 | 1.571 |
| 主成分回归 | 5 | 0.854 | 0.764 | 2.613 | 0.858 | 1.153 | 2.360 |
| | 10 | 0.709 | 1.322 | 1.853 | 0.822 | 2.036 | 1.839 |
| | 20 | 0.821 | 1.037 | 2.363 | 0.821 | 1.247 | 2.195 |
| | 25 | 0.819 | 1.042 | 2.350 | 0.842 | 1.185 | 2.296 |
| | 35 | 0.827 | 1.019 | 2.402 | 0.840 | 1.142 | 2.389 |
| | 50 | 0.762 | 1.319 | 2.049 | 0.779 | 1.505 | 1.931 |

### 4.10.4　冻后冬小麦产量光谱估测模型

据表 4.8 可知，基于 SPA-MLR 构建的产量估测表现最好（$R^2$=0.887，RMSEC=716.985，RPD=2.719），且验证集模型的表现也较为稳定和准确（$R^2$=0.917，RMSEP=718.675，RPD=2.624），基于 PCR 构建的产量估测模型（$R^2$=0.879，RMSEC=700.921，RPD=2.872）表现要优于 SPA-MLR 构建的模型，验证后的模型预测能力也很好（$R^2$=0.856，RMSEP=783.789，RPD=2.524）。基于 SPA-MLR 构建的产量估测模型中，冻后 5 d、10 d、20 d 和 35 d 的表现较好，冻后 25 d 表现次之，而在冻后 50 d 时，校正集模型（$R^2$=0.714，RMSEC=1408.501，

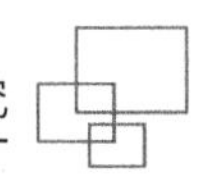

RPD=1.670）和验证集模型（$R^2$=0.787，RMSEP=957.325，RPD=1.607）的精确性和稳健性最低，对产量的估测模型表现最差，但利用 PCR 构建的模型也相对较好（$R^2$=0.828、RMSEC=835.569、RPD=2.409）和（$R^2$=0.875，RMSEP=783.829，RPD=2.518）。

两种建模方法相比，PCR 建立的产量估测模型整体要比 MLR 构建的模型具有更好的预测能力，并且准确性与稳健性较高。可能由于冻害胁迫后短期内会出现叶片受损、叶片发黄萎蔫、叶绿素含量降低，但是随着时间的增加，由于冬小麦自身具有一定的抗胁迫能力，所以在冻后 30 d 后会出现一定的恢复。利用两种方法构建的冻后 25 d 产量估测模型表现最好，产量的最佳估测时间为冻后 25 d。

**表 4.8　基于 SPA-MLR 模型和 PCR 模型对不同时期产量模型的评价**

| 多元统计方法 | 低温胁迫后天数 /d | 校正集 | | | 验证集 | | |
|---|---|---|---|---|---|---|---|
| | | $R^2$ | RMSEC | RPD | $R^2$ | RMSEP | RPD |
| 多元线性回归 | 5 | 0.814 | 1115.045 | 2.199 | 0.954 | 1095.945 | 2.063 |
| | 10 | 0.869 | 765.267 | 2.751 | 0.861 | 950.543 | 2.295 |
| | 20 | 0.874 | 807.254 | 2.779 | 0.891 | 736.762 | 2.923 |
| | 25 | 0.887 | 716.985 | 2.719 | 0.917 | 718.675 | 2.624 |
| | 35 | 0.787 | 1073.952 | 2.099 | 0.829 | 862.785 | 2.384 |
| | 50 | 0.714 | 1408.501 | 1.670 | 0.787 | 957.325 | 1.607 |
| 主成分回归 | 5 | 0.774 | 956.924 | 2.104 | 0.826 | 1087.804 | 1.921 |
| | 10 | 0.743 | 1020.769 | 1.972 | 0.717 | 1191.832 | 1.718 |
| | 20 | 0.777 | 951.373 | 2.116 | 0.900 | 1004.808 | 2.103 |
| | 25 | 0.879 | 700.921 | 2.872 | 0.856 | 783.789 | 2.524 |
| | 35 | 0.815 | 866.436 | 2.324 | 0.862 | 964.144 | 2.132 |
| | 50 | 0.828 | 835.569 | 2.409 | 0.875 | 783.829 | 2.518 |

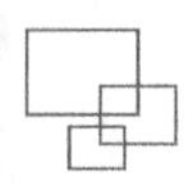

# 4.11 讨论

由于高光谱遥感技术快速、准确的特点已经被广泛应用于农业生产中。高光谱遥感技术对冬小麦冻害后产量的早期估测为我国的相关部门提供了帮助。本研究通过对拔节期冬小麦进行人工模拟低温冻害处理，发现随着冻害严重程度的提高，光谱反射率在近红外波段会发生明显的提高；“红边”位置向短波方向移动；随着生育进程的推进，可见光波段 550 nm 左右的“绿峰”有所减弱；680 nm“红谷”有所抬高；可见光波段反射率逐渐平缓，这与黄文江等（2003）的观点一致。遭受冻害胁迫后，冬小麦细胞内会出现失水现象，伴随着质壁分离现象的产生。叶绿素含量也会随着冻害的发生而降低，最终导致叶片发黄，此时冠层光谱会发生相应变化，表明冬小麦冠层光谱对冻害发生敏感响应，利用光谱技术监测冻害的发生是可行的。

冬小麦遭受冻害胁迫后穗数、穗粒数、千粒重和产量与 CK（对照组）相比都有所降低。随着冻害程度的提高，冬小麦植株的主茎和分蘖受到冻害后会有一定的损伤，冬小麦的穗数呈逐渐降低趋势。这与 Kong 等（1990）的随着冻害胁迫的水平提高、冻害处理的加深，穗数逐渐降低的观点一致；冬小麦植株的幼穗受到冻害后发育受到影响，影响小穗和小花分化与发育，从而造成幼穗受冻，影响结实，同时冻害胁迫发生后虽然会促使部分小分蘖成穗，但因穗分化时间过短，小花分化数不足，导致粒数也较低（陈思思，2010）；随着冻害胁迫程度的提高，冬小麦千粒重呈先上升后降低的趋势，这是由于随着晚霜冻害处理的不断提高；穗粒数不断降低是由于短期内穗不结实数量逐渐增多，然而时间过长后由于结实小穗的细胞膜遭受破坏，导致其充实度受到影响，当冻害处理水平达到一定程度时，结实小穗的细胞膜遭到破坏，导致其生理生态发育进程受阻，冻害穗粒发生皱缩或枯萎现象，尤其在冬小麦灌浆时期，其灌浆速率和能力受到严重影响，影响籽粒千粒重（胡新 等，2014），最终影响冬小麦的产量。

冬小麦产量及产量构成要素与冠层光谱反射率的相关系数在“红边”区域内出现了极值或突变，而这种极值或者突变的光谱波段常被选择为光谱敏感波段或重要波段（Li et al.，2009）。所提取的重要波段集中在“绿峰”“红边”区域和近红外波段附近，说明所提取的重要波段与作物长势密切相关，重要波段常用于表征作物长势状况（Pu et al.，2003）。拔节期冬小麦发生冻害后，植株体内会发生一系列的生理生化反应，短期内会影

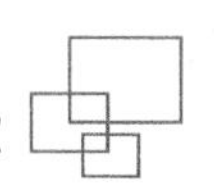

响冬小麦的正常生长。但是，在一定胁迫程度下，植物体有其自身的恢复和抗胁迫功能，从而避免和减轻对其自身的危害（衣莹 等，2013）。因此，遭受冻害的严重程度和短期内自身的恢复状况影响和决定了冬小麦的长势或产量。

SPA-MLR 和 PCR 模型的表现相比，由于 SPA-MLR 方法建立的模型是基于提取重要波段建立的，而 PCR 方法建立的模型是利用所有波段建立的，因此，基于 PCR 方法建立的模型表现较好，模型的表现较稳健且准确。然而在实际生产应用中，SPA-MLR 建模的方法是基于提取的重要波段，所以比全谱建模更实用，对冬小麦冻害后产量的早期估测更具实际意义。

本书对冬小麦产量进行了早期的估测研究，基本上达到了预期的试验效果。但是依然存在一定的不足。例如在盆栽试验的设计上，虽然盆栽试验方便人工模拟冻害胁迫的发生，但在花盆中进行种植，冬小麦对氧气、水分及营养物质等的吸收会受到一定的阻碍，对冬小麦产量造成一定的影响；其次，用于试验建模的样本数较少，对模型的普适性具有一定的影响。在今后的研究试验中，应该着重于人工模拟大田冻害试验，增加试验样本数量，使模型具有更高的精度与普适性，更好地运用于生产实践中。

# 第 5 章 结论与展望

# 5.1 干旱胁迫主要结论

在 2017—2018 年、2018—2019 年两个冬小麦生长周期，设置 5 个水分胁迫处理进行冬小麦干旱灾害模拟试验研究。探究了冬小麦叶片含水量（LWC）、叶绿素密度（ChD）、游离脯氨酸含量（Pro）以及抗氧化物酶中的超氧化物歧化酶（SOD）、过氧化氢酶（CAT）和过氧化物酶（POD）活性等生理指标变化规律，利用相关性分析研究生理指标与冠层光谱反射率响应情况，探究水分胁迫后冬小麦生理指标的特征波段分布状况，并且基于所提取的特征波段进行了定量监测模型的构建。在此基础上，使用主成分分析技术构建了冬小麦干旱综合监测指标（CDI），较为系统地对水分胁迫后冬小麦生长进行了监测研究，主要得出以下结论。

## 5.1.1 产量参数变化规律

干旱灾害严重影响到了正常的农业生产，干旱胁迫的发生对冬小麦最大的影响就是产量的损失。通过水分胁迫试验进行干旱灾害的模拟，在成熟期进行产量参数获取，通过对产量及其构成要素的差异性分析，发现 2018—2019 年产量轻度干旱（$W_2$）处理高于对照组（$W_1$），可能与轻度干旱锻炼可以提高作物抗旱能力有关，但需进一步试验证明。除此之外，发现冬小麦穗数、穗粒数和千粒重与胁迫程度均呈负相关，随着干旱胁迫的提高，产量及其构成要素均发生了规律性降低。

## 5.1.2 生理指标动态变化规律

干旱灾害导致冬小麦生长发育时期供水不足，水分的缺失导致冬小麦相关生理指标发生规律性变化。通过对冬小麦生理指标进行差异性分析发现，在相同时期，生理指标变化不同。随水分胁迫程度基本变化趋势呈正相关的生理指标有 Pro、SOD、CAT 和 POD，呈负相关的生理指标有 LWC 和 ChD，其中对水分胁迫响应敏感的主要有群体指标 ChD、渗透调节作用的 Pro 和抗氧化酶中的 POD 活性，CAT 活性与胁迫处理响应情况一般。

随着冬小麦生育时期推进，水分胁迫时间不断增加，LWC 在生育前期，基本维持在较高水平，但是随着生育时期的推进和水分胁迫时间的增加，出现了一定程度的降低。ChD 的变化规律为随着生育时期的推进，出现先升高后降低趋势，基本在抽穗期（播后 221 d 和播后 217 d）达到峰值。Pro 随着胁迫时间的增加，在开花期出现了大量累积现象，在灌浆期有所下降。抗氧化酶活性中，SOD 活性随生育时期变化不明显；CAT 出现较小程度增高后逐渐降低；而 POD 随着生育时期推进，一直到灌浆期基本呈增长趋势。比较后发现 ChD 和 CAT 基本在抽穗期（播后 221 d、217 d）达到峰值，Pro 基本在生育后期（开花至灌浆期）出现峰值，说明水分胁迫导致的生理指标明显变化出现在生育中后期，相比 LWC 和 SOD 随生育时期变化规律不明显。综上所述，水分胁迫处理水平及水分胁迫处理时间都会对冬小麦生理指标造成较大的影响，表明冬小麦生理指标与水分处理敏感响应。

### 5.1.3 冠层光谱响应情况

通过对冬小麦冠层光谱反射率的研究发现，冠层光谱反射率曲线基本趋势满足在可见光（Vis）区域处于较低水平，“绿峰”“红谷”现象明显。在 680~780 nm 出现反射率急剧抬升，形成“红边”。随后在近红外（NIR）区域的 780~1100 nm 波段形成了近红外高反射率平台，符合绿色植物光谱反射率一般特征。伴随胁迫处理的提高和处理时间的增加，不同波段范围呈不同的变化规律，说明冬小麦光谱反射率与水分胁迫敏感响应。通过对生理指标与冠层光谱反射率的相关性分析，发现 LWC、ChD、Pro 和 POD 敏感响应，SOD 和 CAT 响应效果一般。

### 5.1.4 干旱综合指标构建

研究中利用化学计量学方法对单一生理指标进行了系统的分析后，通过对生理指标之间的相关分析，发现除 SOD 与 LWC、ChD、CAT 的相关性较低，POD 与 LWC、ChD、Pro 的相关性较低外，其余指标之间相关性均呈显著或极显著相关。说明所选取的生理指

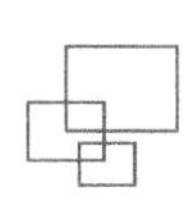

标之间整体相关性较好，可以利用主成分分析方法实现对冬小麦干旱综合指标（CDI）的构建。通过初始因子载荷矩阵、特征根和方差贡献率表现共提取 4 个主成分，其累积贡献率达到了 89.081%。根据主成分综合得分实现了 CDI 指标的构建。

### 5.1.5　光谱变量分布特征

通过 CA 和 PLS 方法进行了特征区域选择，发现 CA 方法在特征区域选择过程中，选定区域范围较大，但是比较集中，容易造成光谱特征信息的丢失，而 SPA 方法选定区域虽然范围相对较小，但较为分散，有利于特征信息的保留。使用 SMLR 方法进行了特征波段的提取，并结合 SPA 方法提取的特征波段进行综合比较，总结光谱变量分布为：LWC 特征波段主要分布在“红边”区域（761 nm）和近红外高反射率平台（853 nm、887 nm 和 938 nm）；ChD 特征波段主要分布在可见光区域（427 nm 和 434 nm）和“红边”区域（749 nm）；Pro 特征波段主要分布在可见光区域；SOD 特征波段分布在近红外区域的高反射率平台（1068 nm）；CAT 特征波段主要分布在“红边”区域（744 nm）和近红外区域（1350 nm）；POD 特征波段主要分布在近红外高反射率平台（939 nm）；冬小麦干旱综合指标 CDI 利用不同特征变量提取方法结果不同，但在可见光区域、“红边”位置及近红外区 域均有分布，分布范围最广。

### 5.1.6　定量监测模型评价

通过对构建 PLSR 模型表现分析，发现 PLSR 监测模型整体表现最好，其中，冬小麦 CDI 模 型（$R^2$=0.885，RMSEC=0.221，RPD=2.772；$R^2$=0.631，RMSEP=0.441，RPD=1.625）和 Pro 模 型（$R^2$=0.845，RMSEC=0.131，RPD=2.540；$R^2$=0.741，RMSEP=0.174，RPD=1.935）表现最好，预测较为准确，且 RPD 接近 2.0，具有较高稳健性和普适性。表现最差的是 LWC 模 型（$R^2$=0.749，RMSEC=4.999，RPD=1.730；$R^2$=0.601，RMSEP=6.410，RPD=1.270）和 SOD 模 型（$R^2$=0.623，RMSEC=18.774，RPD=1.285；$R^2$=0.597，RMSEP=19.586，RPD=1.358），对于 LWC 和 SOD 的定量监测模型精度有待提高。

基于 CA+SMLR、PLS+SMLR 和 SPA+MLR 提取的特征波段构建生理和 CDI 指标的定量监测模型，在保证模型精度和预测准确性条件下且满足较少变量原则。结果显示：构建的 CA+SMLR 模型整体表现最差，其中仅有冬小麦 ChD 模型（$R^2$=0.653，RMSEC=0.818，RPD=1.374；$R^2$=0.591，RMSEP=0.886，RPD=1.193）和 LWC 模型（$R^2$=0.569，RMSEC=6.554，RPD=1.150；$R^2$=0.565，RMSEP=6.885，RPD=1.082）表现相对较好，但模型的稳健性有待提高；构建的 PLS+SMLR 模型中 ChD 模型（$R^2$=0.683，RMSEC=0.782，RPD=1.475；$R^2$=0.637，RMSEP=0.839，RPD=1.335）和 CDI 模型（$R^2$=0.719，RMSEC=0.345，RPD=1.601；$R^2$=0.432，RMSEP=0.551，RPD=1.249）表现较好；构建的 SPA+MLR 中 LWC 模型（$R^2$=0.636，RMSEC=6.208，RPD=1.321；$R^2$=0.635，RMSEP=6.237，RPD=1.233）、Pro 模型（$R^2$=0.665，RMSEC=0.192，RPD=1.411；$R^2$=0.672，RMSEP=0.196，RPD=1.417）、POD 模型（$R^2$=0.626，RMSEC=64.757，RPD=1.294；$R^2$=0.579，RMSEP=68.862，RPD=1.274）和 CDI 模型（$R^2$=0.647，RMSEC=0.387，RPD=1.355；$R^2$=0.672，RMSEP=0.376，RPD=1.500）达到了较好的预测效果。综合比较，利用特征波段构建的定量监测模型中认为单一指标中 ChD、Pro、POD 和综合指标 CDI 可以实现模型的优化和简化目的。

## 5.2 冻害胁迫主要结论

### 5.2.1 产量及构成要素变化规律

冻害胁迫发生后冬小麦由于植株的幼穗受到影响，随着生育期的推进，穗数、穗粒数会出现下降的情况；而千粒重会出现先增加后降低的情况；而产量随着冻害程度的提高呈下降趋势。

### 5.2.2 冠层光谱响应情况

冬小麦随着生育时期的推进，光谱反射率会逐渐趋于平缓。经过冻害处理后，同一低温胁迫处理不同生育时期可见光波段开始时表现不是很明显，但在相同生育时期不同低温胁迫处理下，光谱反射率曲线在可见光波段对照组的反射率最高，但是随着冻害胁迫程度的增高，反射率逐渐降低。近红外波段，各胁迫处理光谱反射率均高于对照组，并且随着冻害程度的增高而升高。在“红边”区域内，“红谷”位置（680 nm）随着冻害程度

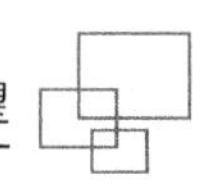

的增高呈逐渐降低的趋势，而在近红外区域却随着冻害程度的加深而升高，所以“红边”位置向短波方向发生不同程度的移动，出现了“蓝移”现象。本研究对光谱数据与产量及其构成要素作了相关性分析，相关系数较高，相关性基本达到了显著水平，并且在“红边”位置相关性变化较大。

### 5.2.3 产量与构成要素特征波段

利用 SPA 算法提取产量及其构成要素与冬小麦冠层光谱的重要波段如下：穗数共 86 个重要波段，主要分布在 400 nm、679 nm、761 nm 和 1350 nm 左右；穗粒数共 89 个重要波段，入选重要波段在 400 nm、677 nm 和 761 nm 的相近波段较多；千粒重共 81 个重要波段，主要在 400 nm、680 nm、730 nm、1120 nm 和 1350 nm 附近；冬小麦的产量的重要波段则出现在 400 nm、530 nm、710 nm、760 nm 和 1350 nm 五个波段或相似波段附近，可以得知产量及其构成要素与冠层光谱反射率响应敏感。

### 5.2.4 定量监测模型评价

利用 SPA-MLR 构建冻后冬小麦穗数、穗粒数、千粒重及产量估测模型，穗数估测模型有较好表现的是冻害后 25 d 校正集模型（$R^2$=0.863，RMSEC=1.590，RPD=2.602），经大田验证后也具有较高精度（$R^2$=0.822，RMSEC=2.217，RPD=2.277）；穗粒数估测模型表现较好的是冻后 20 d 校正集（$R^2$=0.831，RMSEC=3.023，RPD=2.260），验证集模型（$R^2$=0.908，RMSEP=2.992，RPD=2.200）；千粒重估测模型以冻害后 10 d 的校正集模型较好（$R^2$=0.868，RMSEC=1.019，RPD=2.185），验证后精度较高（$R^2$=0.808，RMSEP=1.298，RPD=2.073）；产量估测模型表现较好的是冻害后 25 d 校正集模型（$R^2$=0.887，RMSEC=716.985，RPD=2.719），验证集模型（$R^2$=0.917，RMSEP=718.675，RPD=2.624）。利用 PCR 构建的冻后冬小麦穗数、穗粒数、千粒重以及产量估测模型，穗数估测模型表现最佳的是冻后 25 d（$R^2$=0.862，RMSEC=1.636，RPD=2.587），经大田验证后模型表现也较好（$R^2$=0.874，RMSEP=1.537，RPD=2.504）。冻后 10 d，穗粒数估测模型具有较好的预测精度（$R^2$=0.852，RMSEC=3.170，RPD=2.497）和稳健性（$R^2$=0.913，RMSEP=3.349，RPD=2.292）；对于千粒重最佳的估测时期为冻后 5 d，所构建的模型具有较高的估测能

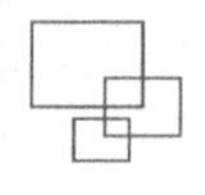


力（$R^2$=0.854，RMSEC=0.764，RPD=2.613）和普适性（$R^2$=0.858，RMSEP=1.153，RPD=2.360）；冻后 25 d 所构建的产量 PCR 模型可以实现对产量的早期预测，模型预测精度较高（$R^2$=0.879，RMSEC=700.921，RPD=2.872），经大田验证后，模型的表现较好（$R^2$=0.856，RMSEP=783.789，RPD=2.524）。

## 5.3 下一步工作展望

高光谱技术在农业生产中合理正确应用，可以有效地解决诸多农业中存在的问题。但进行相关的研究必须是以解决实际生活生产问题为导向，并以能切实运用于实际生产生活过程中为目标。本研究进行干旱灾害及冻害模拟，实现了灾后冬小麦生理指标及综合指数的定量监测。基于本研究的结论，对下一步的研究工作有以下几个设想。

（1）干旱胁迫研究中通过综合指标 CDI 的构建，在不同层面有效地进行了干旱灾害后冬小麦生长表现的信息融合，然而干旱灾害对于冬小麦的影响不只是局限于研究中涉及的指标。构建的干旱综合参数在表征冬小麦灾后生长状态时，依然会存在局限性，融合更多的冬小麦农学参数，并通过分析其与干旱灾害之间的关系，筛选表征冬小麦干旱敏感指标并利用更多方法进行指标的信息融合，有助于对干旱灾害进行评估更具客观性和全面性。

（2）通过冠层光谱反射率特征变量的提取，目的是在保证模型精准度的情况下降低模型的复杂度，实现光谱冗余信息的去除，达到优化和简化模型的效果。在研究中，部分方法构建模型达到了优化目的，但部分只是达到了模型的简化作用，随着模型构建特征变量个数的减少，模型精度出现了一定的降低情况。并且，在特征区域选择及特征波段提取过程中可能由于方法标准和目的不同，存在光谱有效信息的丢失问题，在今后的研究过程中，应该结合更多的特征变量提取方法进行光谱特征信息挖掘，以实现模型优化。

（3）干旱灾害对冬小麦的最终影响是产量损失和品质降低，研究中所得出的结论对冬小麦干旱灾害预报及灾损评估有一定的借鉴意义，在冻害胁迫研究中，构建了产量及其构成要素定量监测模型，但是如何实现高光谱技术对冬小麦品质的预测需要更多的试验验证，并且如何实现冬小麦非生物胁迫灾害严重程度判别和灾损评估的系统化研究有待进一步完善。

# 参考文献


曹卫星，2005. 小麦品质生理生态及调优技术 [M]. 北京：中国农业出版社 .

柴守玺，2001. 小麦抗旱生态分类中的主要农艺性状 [J]. 甘肃农业大学学报 (1)：112-118.

陈鹏程，张建华，雷勇辉，等，2006. 高光谱遥感监测农作物病虫害研究进展 [J]. 中国农学通报 (3)：388-391.

陈述彭，童庆禧，郭华东，1998. 遥感信息机理研究 [M]. 北京：科学出版社 .

陈思思，2010. 苗期和拔节期低温胁迫对扬麦 16 产量和生理特性的影响 [D]. 扬州：扬州大学 .

褚小立，2011 化学计量学方法与分子光谱分析技术 [M]. 北京：化学工业出版社 .

崔四平，李俊明，魏建昆，等，1990. 干旱对不同抗旱性小麦幼苗超氧物歧化酶的影响 [J]. 华北农学报 (3)：9-13.

杜家菊，陈志伟，2010. 使用 SPSS 线性回归实现通径分析的方法 [J]. 生物学通报，45(2)：4-6.

杜培军，王小美，谭琨，等，2011. 利用流形学习进行高光谱遥感影像的降维与特征提取 [J]. 武汉大学学报（信息科学版），36(2)：148-152.

段运生，张东彦，黄林生，等，2015. 冻害胁迫小麦的图谱特征解析研究 [J]. 红外与激光工程，44(7)：2218-2223.

冯玉香，何维勋，1996. 霜冻的研究 [M]. 北京：气象出版社 .

冯玉香，何维勋，孙忠富，等，1999. 我国冬小麦霜冻害的气候分析 [J]. 作物学报，25(3)：335-340.

高洪智，卢启鹏，丁海泉，等，2009. 基于连续投影算法的土壤总氮近红外特征波长的选取 [J]. 光谱学与光谱分析，29(11)：2951-2954.

高辉，陈丽娟，贾小龙，等，2008. 2008 年 1 月我国大范围低温雨雪冰冻灾害分析及成因分析 [J]. 气象，34(4)：101-106.

高俊凤，2006. 植物生理学实验指导 [M]. 北京：高等教育出版社 .

谷艳芳，丁圣彦，陈海生，等，2008. 干旱胁迫下冬小麦（*Triticum aestivum*）高光谱特征和生理生态响应 [J]. 生态学报 (6)：2690-2697.

胡程达，刘荣花，王秀萍，等，2015. 干旱对冬小麦光合、渗透调节物质和抗氧化酶活性的影响 [J]. 中国农业气象，36(5)：602-610.

胡新，任德超，倪永静，等，2014. 冬小麦籽粒产量及其构成要素随晚霜冻害变化规律研究 [J]. 中国农业气象，35(5)：575-580.

黄文江，王纪华，赵春江，等，2003. 冬小麦“红边”参数规律及其营养诊断 [J]. 遥感技术与应用，18(4)：206-210.

姜东，谢祝捷，曹卫星，等，2004. 花后干旱和渍水对冬小麦光合特性和物质运转的影响 [J]. 作物学报 (2)：175-182.

居辉，兰霞，李建民，等，2000. 不同灌溉制度下冬小麦产量效应与耗水特征研究 [J]. 中国农业大学学报 (5)：23-29.

李德全，邹琦，程炳嵩，1989. 植物在逆境下的渗透调节 [J]. 山东农业大学学报 (2)：78-83.

李德全，郭清福，张以勤，等，1993. 冬小麦抗旱生理特性的研究 [J]. 作物学报 (2)：125-132.

李冠甲，2012. 干旱胁迫下不同冬小麦品种形态及生理性状差异 [D]. 郑州：河南农业大学 .

李贵全，张海燕，季兰，等，2006. 不同大豆品种抗旱性综合评价 [J]. 应用生态学报 (12)：2408-2412.

李合生，孙群，赵世杰，2000. 植物生理生化实验原理和技术 [M]. 北京：高等教育出版社 .

李靖华，郭耀煌，2002. 主成分分析用于多指标评价的方法研究——主成分评价 [J]. 管理工程学报，16(1)：39-43.

李军玲，余卫东，张弘，等，2014. 冬小麦越冬中期冻害高光谱敏感指数研究 [J]. 中国农业气象，35(6)：709-716.

李玲，余光辉，曾富华，2003. 水分胁迫下植物脯氨酸累积的分子机理 [J]. 华南师范大学学报（自然科学版）(1)：126-134.

李仕飞，刘世同，周建平，等，2007. 分光光度法测定植物过氧化氢酶活性的研究 [J]. 安徽农学通报 (2)：72-73.

李章成，2008. 作物冻害高光谱曲线特征及其遥感监测 [D]. 北京：中国农业科学院 .

李章成，周清波，吕新，等，2008. 冬小麦拔节期冻害后高光谱特征 [J]. 作物学报，34(5)：831-837.

林海明，张文霖，2005. 主成分分析与因子分析的异同和 SPSS 软件——兼与刘玉玫、卢纹岱等同志商榷 [J]. 统计研究 (3)：65-69.

刘春红，赵春晖，张凌雁，2005. 一种新的高光谱遥感图像降维方法 [J]. 中国图象图形学报 (2)：218-222.

刘峻明，汪念，王鹏新，等，2016. SHAW 模型在冬小麦晚霜冻害监测中的适用性研究 [J]. 农业机械学报，47(6)：265-274.

刘婷婷，2015. 低温胁迫下冬小麦生理活性的高光谱监测研究 [D]. 晋中：山西农业大学 .

刘伟东，项月琴，郑兰芬，等，2000. 高光谱数据与水稻叶面积指数及叶绿素密度的相关分析 [J]. 遥感学报 (4)：279-283.

刘占宇，王大成，李波，等，2009. 基于可见光 / 近红外光谱技术的倒伏水稻识别研究 [J]. 红外与毫米波学报，28(5)：342-345.

吕庆，郑荣梁，1996. 干旱及活性氧引起小麦膜脂过氧化与脱酯化 [J]. 中国科学 C 辑：生命科学 (1)：26-30.

吕妍，王让会，蔡子颖，2009. 我国干旱半干旱地区气候变化及其影响 [J]. 干旱区资源与环境，23(11)：65-71.

孟庆立，关周博，冯佰利，等，2009. 谷子抗旱相关性状的主成分与模糊聚类分析 [J]. 中国农业科学，42(8)：2667-2675.

孟卓强，胡春胜，程一松，2007. 高光谱数据与冬小麦叶绿素密度的相关性研究 [J]. 干旱地区农业研究，25(6)：74-79.

彭立新，李德全，束怀瑞，2002. 植物在渗透胁迫下的渗透调节作用 [J]. 天津农业科学 (1)：40-43.

浦瑞良，宫鹏，2000. 高光谱遥感及其应用 [M]. 北京：高等教育出版社 .

齐秀东，孙海军，郭守华，2005. SOD-POD 活性在小麦抗旱生理研究中的指向作用 [J]. 中国农学通报 (6)：230-232，314.

钱正安，吴统文，宋敏红，等，2001. 干旱灾害和我国西北干旱气候的研究进展及问题 [J]. 地球科学进展 (1)：28-38.

任鹏，冯美臣，杨武德，等，2014. 冬小麦冠层高光谱对低温胁迫的响应特征 [J]. 光谱学与光谱分析，34(9)：2490-2492.

沈文飚，徐朗莱，叶茂炳，等，1996. 氮蓝四唑光化还原法测定超氧化物歧化酶活性的适

宜条件 [J]. 南京农业大学学报 (2)：101-102.

史培军，2002. 三论灾害研究的理论与实践 [J]. 自然灾害学报 (3)：1-9.

宋晓宇，王纪华，阎广建，等，2010. 基于多时相航空高光谱遥感影像的冬小麦长势空间变异研究 [J]. 光谱学与光谱分析，30(7)：1820-1824.

苏红军，杜培军，盛业华，2008. 高光谱影像波段选择算法研究 [J]. 计算机应用研究 (4)：1093-1096.

苏为华，2000. 多指标综合评价理论与方法问题研究 [D]. 厦门：厦门大学 .

孙光明，刘飞，张帆，等，2010. 基于近红外光谱技术检测除草剂胁迫下油菜叶片中脯氨酸含量的方法 [J]. 光学学报，30(4)：1192-1196.

孙景生，康绍忠，2000. 我国水资源利用现状与节水灌溉发展对策 [J]. 农业工程学报 (2)：1-5.

孙倩倩，2016. 干旱胁迫下冬小麦叶片生理酶活性及光合参数的高光谱监测研究 [D]. 晋中：山西农业大学 .

孙忠富，2000. 中国西部地区霜冻灾害与减灾技术应用展望 [A]. 西部大开发 - 气象科技与可持续发展学术研讨会，北京：80-83.

谭晓荣，伏毅，戴媛，2018. 干旱锻炼提高小麦幼苗抗旱性的抗氧化机理研究 [J]. 作物杂志，25(5)：19-23.

汤章城，1983. 植物对水分胁迫的反应和适应性——Ⅱ植物对干旱的反应和适应性 [J]. 植物生理学通讯 (4)：1-7.

田永超，曹卫星，姜东，等，2003. 不同水氮条件下水稻冠层反射光谱与叶片水势关系的研究 [J]. 水土保持学报 (3)：178-180，183.

童庆禧，张兵，郑兰芬，等，2006. 高光谱遥感原理、技术与应用 [M]. 北京：高等教育出版社 .

仝文伟，鲁建立，张玉娟，等，2011. 春季冬小麦冻害气候及生理生化原因分析 [J]. 安徽农业科学，39(3)：1532-1533.

万余庆，谭克龙，周日平，2006. 高光谱遥感应用研究 [M]. 北京：科学出版社 .

王晨阳，马元喜，周苏玫，等，1996. 土壤干旱胁迫对冬小麦衰老的影响 [J]. 河南农业大学学报 (4)：2-6.

王慧芳，王纪华，董莹莹，等，2014. 冬小麦冻害胁迫高光谱分析与冻害严重度反演 [J]. 光谱学与光谱分析，34(5)：1357-1361.

王纪华，赵春江，2001. 土壤水分对小麦叶片含量水量及生理功能的影响 [J]. 麦类作物学报，21(4)：42-47.

王纪华，赵春江，黄文江，2008. 农业定量遥感基础与应用 [M]. 北京：科学出版社 .

王金铃，张宪政，苏正淑，1994. 小麦对干旱的生理反应及抗性机理 [J]. 麦类作物学报 (5)：44-46.

王利民，刘佳，邓辉，等，2008. 我国农业干旱遥感监测的现状与展望 [J]. 中国农业资源与区划，29(6)：4-8.

王凌，高歌，张强，等，2008. 2008 年 1 月我国大范围低温雨雪冰冻灾害分析 I. 气候特征与影响评估 [J]. 气象，34(4)：95-100.

王伟，蔡焕杰，王健，等，2009. 水分亏缺对冬小麦株高、叶绿素相对含量及产量的影响 [J]. 灌溉排水学报，28(1)：41-44.

王小平，赵传燕，郭铌，等，2014. 黄土高原半干旱区春小麦冠层光谱对不同程度水分胁迫的响应 [J]. 兰州大学学报 ( 自然科学版 )，50(3)：417-423.

王圆圆，李贵才，张立军，等，2010. 利用偏最小二乘回归从冬小麦冠层光谱提取叶片含水量 [J]. 光谱学与光谱分析，30(4)：1070-1074.

王忠，2000. 植物生理学 [M]. 北京：中国农业出版社 .

魏炜，赵欣平，吕辉，等，2003. 三种抗氧化酶在小麦抗干旱逆境中的作用初探 [J]. 四川大学学报 ( 自然科学版 )(6)：1172-1175.

武永峰，胡新，吕国华，等，2014. 晚霜冻影响下冬小麦冠层“红边”参数比较 [J]. 光谱学与光谱分析，34(8)：2190-2195.

徐冠华，李德仁，刘先林，1996. 遥感在中国——纪念中国国家遥感中心成立 15 周年 [M]. 北京：测绘出版社 .

许莹，马晓群，王晓东，等，2014. 安徽省冬小麦春霜冻害气象指标的研究 [J]. 气象，40(7)：852-859.

薛昌颖，霍治国，李世奎，等，2003. 华北北部冬小麦干旱和产量灾损的风险评估 [J]. 自然灾害学报 (1)：131-139.

亚森江 · 喀哈尔，尼加提 · 卡斯木，茹克亚 · 萨吾提，等，2019. 基于高光谱的春小麦抽穗期叶绿素含量估算方法 [J]. 江苏农业科学，47(18)：266-270.

杨邦杰，王茂新，裴志远，2002. 冬小麦冻害遥感监测 [J]. 农业工程学报，18(2)：136-140.

杨国鹏，余旭初，冯伍法，等，2008. 高光谱遥感技术的发展与应用现状 [J]. 测绘通报 (10)：1-4.

杨丽雯，张永清，张定一，等，2010. 山西省小麦生产的现状、问题与对策分析 [J]. 麦类作物学报，30(6)：1154-1159.

杨哲海，韩建峰，宫大鹏，等，2003. 高光谱遥感技术的发展与应用 [J]. 海洋测绘 (6)：55-58.

姚云军，秦其明，张自力，等，2008. 高光谱技术在农业遥感中的应用研究进展 [J]. 农业工程学报 (7)：301-306.

衣莹，张玉龙，郭志富，等，2013. 冬小麦叶片对低温胁迫的生理响应 [J]. 华北农学报，28(1)：144-148.

殷飞，金世佳，2015. 遥感在农业旱情监测中的应用现状与展望 [J]. 干旱环境监测，29(2)：87-92.

张殿忠，汪沛洪，赵会贤，1990. 测定小麦叶片游离脯氨酸含量的方法 [J]. 植物生理学通讯 (4)：62-65.

张连蓬，2003. 基于投影寻踪和非线性主曲线的高光谱遥感图像特征提取及分类研究 [D]. 青岛：山东科技大学 .

张秋英，李发东，刘孟雨，2005. 冬小麦叶片叶绿素含量及光合速率变化规律的研究 [J]. 中国生态农业学报 (3)：95-98.

张雪芬，余卫东，王春乙，等，2006. WOFOST 模型在冬小麦晚霜冻害评估中的应用 [J]. 自然灾害学报，15(6)：337-341.

张永强，毛学森，孙宏勇，等，2002. 干旱胁迫对冬小麦叶绿素荧光的影响 [J]. 中国生态农业学报 (4)：17-19.

张玉芳，王明田，王素艳，2010. 四川盆地冬小麦干旱监测预警技术研究及应用 [J]. 安徽农业科学，38(19)：10154-10155，10329.

赵春江，薛绪掌，王秀，等，2003. 精准农业技术体系的研究进展与展望 [J]. 农业工程学报 (4)：7-12.

赵辉，戴廷波，姜东，等，2007. 高温下干旱和渍水对冬小麦花后旗叶光合特性和物质转运的影响 [J]. 应用生态学报 (2)：333-338.

赵俊芳，房世波，郭建平，2013. 受蚜虫危害与干旱胁迫的冬小麦高光谱判别 [J]. 国土资源遥感，25(3)：153-158.

赵芸，张初，刘飞，等，2014. 采用可见 / 近红外光谱检测大麦叶片过氧化氢酶与过氧化物酶含量的研究 [J]. 光谱学与光谱分析，34(9)：2382-2386.

钟秀丽，王道龙，李玉中，等，2007. 黄淮麦区冬小麦拔节期的时空变化研究 [J]. 中国生态农业学报，15(2)：22-25.

周桂莲，杨慧霞，1996. 小麦抗旱性鉴定的生理生化指标及其分析评价 [J]. 干旱地区农业研究 (2)：65-71.

邹强，2012. 基于高光谱图像技术的番茄叶片和植株抗氧化酶系统活性测定研究 [D]. 杭州：浙江大学 .

ALSCHER R G, CUMMING J R, 1990. Stress responses in plants: adaptation and acclimation mechanisms[M]. Wiley-Liss.

APARICIO N, VILLEGAS D, CASADESUS J, et al , 2000. Spectral vegetation indices as nondestructive tools for determining durum wheat yield[J]. Agronomy Journal, 92(1): 83-91.

ARAÚJO M C U, SALDANHA T C B, GALVAO R K H, et al, 2001. The successive projections algorithm for variable selection in spectroscopic multicomponent analysis[J]. Chemometrics and Intelligent Laboratory Systems, 57(2): 65-73.

BAKSHI B R, 1998.Multiscale PCA with application to multivariate statistical process monitoring[J]. AIChE Journal, 44.

BANNARI A, KHURSHID K S, STAENZ K, et al, 2007.A comparison of hyperspectral chlorophyll indices for wheat crop chlorophyll content estimation using laboratory reflectance measurements[J]. IEEE Transactions on Geoscience and Remote Sensing, 45(10): 3063-3074.

BARÁNYIOVÁ I, KLEM K, 2016.Effect of application of growth regulators on the physiological and yield parameters of winter wheat under water deficit[J]. Plant, Soil and Environment, 62(3): 114-120.

BATES L S, WALDREN R P, Teare I, 1973. Rapid determination of free proline for water-stress studies[J]. Plant and Soil, 39(1): 205-207.

BOKEN V K, CRACKNELL A P, HEATHCOTE, et al, 2005.Monitoring and predicting agricultural drought: a global study[J]. Vadose Zone Journal(4): 1293.

BOWLER C, MONTAGU M V, INZE D, 1992.Superoxide dismutase and stress tolerance[J]. Annual Review of Plant Biology, 43(1): 83-116.

BOYER J S, 1982. Plant productivity and environment[J]. Science, 218(4571): 443-448.

BROGE N H, MORTENSEN J V, 2002.Deriving green crop area index and canopy chlorophyll density of winter wheat from spectral reflectance data[J]. Remote Sensing of Environment, 81(1): 45-57.

CHAI T, DRAXLER R R, 2014. Root mean square error (RMSE) or mean absolute error (MAE)–Arguments against avoiding RMSE in the literature[J]. Geoscientific Model Development, 7(3): 1247-1250.

CHANG CW, LAIRD D A, 2002. Near-infrared reflectance spectroscopic analysis of soil C and N[J]. Soil Science, 167(2): 110-116.

CHONG I-G, JUN C-H, 2005.Performance of some variable selection methods when multicollinearity is present[J]. Chemometrics and Intelligent Laboratory Systems, 78(1-2): 103-112.

COCHRANE M, 2000.Using vegetation reflectance variability for species level classification of hyperspectral data[J]. International Journal of Remote Sensing, 21(10): 2075-2087.

CONDON A G, RICHARDS R A, REBETZKE G J, et al, 2002. Improving intrinsic water-use efficiency and crop yield[J]. Crop Science, 42(1): 122-131.

CSISZÁR J, 2008. Peroxidase activities in root segments of wheat genotypes under osmotic stress[J]. Acta Biologica Szegediensis, 52(1): 155-156.

CURRAN P J, 1989. Remote sensing of foliar chemistry[J]. Remote Sensing of Environment, 30(3): 271-278.

DEBACKER S, KEMPENEERS P, DEBRUYN W, et al, 2005. A band selection technique for spectral classification[J]. IEEE geoscience and remote sensing letters, 2(3): 319-323.

DICKIN E, WRIGHT D, 2008. The effects of winter waterlogging and summer drought on the growth and yield of winter wheat (Triticum aestivum L.)[J]. European Journal of Agronomy, 28(3): 234-244.

ELMASRY G, KAMRUZZAMAN M, SUN D-W, et al, 2012. Principles and applications of hyperspectral imaging in quality evaluation of agro-food products: A review[J]. Critical Reviews in Food Science and Nutrition, 52(11): 999-1023.

FENG M C, YANG W D, CAO L L, et al, 2009. Monitoring winter wheat freeze injury using multi-temporal MODIS data[J]. Agricultural Sciences in China, 8(9): 1053-1062.

FENG W, GUO B-B, WANG Z-J, et al, 2014. Measuring leaf nitrogen concentration in winter wheat using double-peak spectral reflection remote sensing data[J]. Field Crops Research, 159: 43-52.

FLOHÉ L, GÜNZLER W A, 1984. Assays of glutathione peroxidase[J]. Methods Enzymol, 105(1):114-121.

FONTAINE J, SCHIRMER B, HÖRR J, 2002. Near-infrared reflectance spectroscopy (NIRS) enables the fast and accurate prediction of essential amino acid contents. 2. Results for wheat, barley, corn, triticale, wheat bran/middlings, rice bran, and sorghum[J]. Journal of Agricultural and Food Chemistry, 50(14): 3902-3911.

FREEMAN K, RAUN W, JOHNSON G, et al, 2003. Late-season prediction of wheat grain yield and grain protein[J]. Communications in Soil Science and Plant Analysis, 34(13-14): 1837-185.

GALVAO R K H, ARAUJO M C U, FRAGOSO W D, et al, 2008. A variable elimination method to improve the parsimony of MLR models using the successive projections algorithm[J]. Chemometrics and Intelligent Laboratory Systems, 92(1): 83-91.

GÓMEZ-LIMÓN J A, RIESGO L, 2009. Alternative approaches to the construction of a composite indicator of agricultural sustainability: An application to irrigated agriculture in the Duero basin in Spain[J]. Journal of Environmental Management, 90(11): 3345-3362.

GREEN R O, EASTWOOD M L, SARTURE C M, et al, 1998. Imaging spectroscopy and the airborne visible/infrared imaging spectrometer (AVIRIS)[J], Remote Sensing of Environment, 65: 227-248.

HAGMAN G, BEER H, BENDZ M, et al, 1984 . Prevention better than cure. Report on human and environmental disasters in the Third World. 2[R].

HASHEMINASAB H, ASSAD M T, ALIAKBARI A, et al, 2012. Influence of drought stress on oxidative damage and antioxidant defense systems in tolerant and susceptible wheat genotypes[J]. Journal of Agricultural Science, 4(8): 20.

HENDAWY S, SUHAIBANI N, ALOTAIBI M, et al, 2019. Estimating growth and photosynthetic properties of wheat grown in simulated saline field conditions using hyperspectral reflectance sensing and multivariate analysis[J]. Scientific Reports, 9(1): 1-15.

HOTELLING H, 1933. Analysis of a complex of statistical variables into principal components[J]. Journal of Educational Psychology, 24(6): 417.

HSIAO T C, 1973. Plant responses to water stress[J]. Annual Review of Plant Physiology, 24(1): 519-570.

HUANG R, HE M, 2005. Band selection based on feature weighting for classification of hyperspectral data[J]. IEEE Geoscience and Remote sensing Letters, 2(2): 156-159.

HUANG W, LAMB D W, NIU Z, et al, 2007. Identification of yellow rust in wheat using in-situ spectral reflectance measurements and airborne hyperspectral imaging[J]. Precision Agriculture, 8(4-5): 187-197.

HUNT E R, DAUGHTRY C, EITEL J U, et al, 2011. Remote sensing leaf chlorophyll content using a visible band index[J]. Agronomy Journal, 103(4): 1090-1099.

HUSEYNOVA I M, 2012. Photosynthetic characteristics and enzymatic antioxidant capacity of leaves from wheat cultivars exposed to drought[J]. Biochimica et Biophysica Acta (BBA)-Bioenergetics, 1817(8): 1516-1523.

JACKSON R D, PINTER P, IDSO S, et al, 1979. Wheat spectral reflectance: interactions between crop configuration, sun elevation, and azimuth angle[J]. Applied Optics, 18(22): 3730-3732.

JIN X, XU X, SONG X, et al, 2013. Estimation of leaf water content in winter wheat using grey relational analysis–Partial least squares modeling with hyperspectral data[J]. Agronomy Journal, 105(5): 1385-1392.

JIN X, YANG G, LI Z, et al, 2018. Estimation of water productivity in winter wheat using the AquaCrop model with field hyperspectral data[J]. Precision Agriculture, 19(1): 1-17.

JUHOS K, SZABÓ S, LADÁNYI M, 2016. Explore the influence of soil quality on crop yield using statistically-derived pedological indicators[J]. Ecological Indicators, 63: 366-373.

JURGENS C, 1997. The modified normalized difference vegetation index(mNDVI)-a new index to determine frost damages in agriculture based on Landsat TM data[J]. International Journal of Remote Sensing, 18(17): 3583-3594.

KAKKAR P, DAS B, VISWANATHAN P, 1984. A modified spectrophotometric assay of superoxide dimutase[J]. Indian J Biochem Biophys, 21(2):130-132.

KEIM D, KRONSTAD W, 1981. Drought response of winter wheat cultivars grown under field stress conditions[J]. Crop Science, 21(1): 11-15.

KERDILES H, GRONDONA M, RODRIGUEZ, et al, 1996. Frost mapping using NOAA AVHRR data in the Pampean region, Argentina[J]. Agricultural and Forest Meteorology,79: 157-182.

KEYVAN S, 2010. The effects of drought stress on yield, relative water content, proline, soluble carbohydrates and chlorophyll of bread wheat cultivars[J]. Journal of Animal and Plant Sciences, 8(3): 1051-1060.

KLEIN G A, 1993. A recognition primed decision (RPD) model of rapid decision making[J]. Decision Making in Action Models & Methods:138-147.

KONG F, 1990. Remote sensing of weather impacts on wegetationn in non-homogeneous areas[J]. Internationnal Journal of Remote Sensing, 11(8): 1405-1410.

KONG W, ZHAO Y, LIU F, et al, 2012. Fast analysis of superoxide dismutase (SOD) activity in barley leaves using visible and near infrared spectroscopy[J]. Sensors, 12(8): 10871-10880.

KONG W, ZHANG C, LIU F, et al, 2013. Rice seed cultivar identification using near-infrared hyperspectral imaging and multivariate data analysis[J]. Sensors, 13(7): 8916-8927.

KONG W, LIU F, ZHANG C, et al, 2014. Fast detection of peroxidase (POD) activity in tomato leaves which infected with Botrytis cinerea using hyperspectral imaging[J]. Spectrochimica Acta Part A: Molecular and Biomolecular Spectroscopy, 118: 498-502.

KUBO S, KADLA J F, 2005. Hydrogen bonding in lignin: a Fourier transform infrared model compound study[J]. Biomacromolecules, 6(5): 2815-2821.

LI Z H, LIU H B, ZHANG F S, 2009. Research of nitrogen nutrition status for winter wheat based on chlorophyll meter[J]. Plant Nutrition and Fertilizer Science, 9(4): 401-405.

LI C J, WANG J.H., WANG Q, et al, 2012. Estimating wheat grain protein content using multi-temporal remote sensing data based on partial least squares regression[J]. Journal of Integrative Agriculture, 11(9): 1445-1452.

LIANG X, ZHANG L, NATARAJAN S K, et al, 2013. Proline mechanisms of stress survival[J]. Antioxidants & Redox Signaling, 19(9): 998-1011.

LILLESAND T M, KIEFER R W, CHIPMAN J, 2000. Remote Sensing and Image Interpretation [M]. New York: John Willey & Sons.

LIU L, WANG J, HUANG W, et al, 2004. Estimating winter wheat plant water content using red edge parameters[J]. International Journal of Remote Sensing, 25(17): 3331-3342.

LUNA C M, PASTORI G M, DRISCOLL S, et al, 2004. Drought controls on H2O2 accumulation, catalase (CAT) activity and CAT gene expression in wheat[J]. Journal of Experimental Botany, 56(411): 417-423.

MAHAJAN G, SAHOO R, PANDEY R, et al, 2014. Using hyperspectral remote sensing techniques to monitor nitrogen, phosphorus, sulphur and potassium in wheat (Triticum aestivum L.)[J]. Precision Agriculture, 15(5): 499-522.

MAHESH S, MANICKAVASAGAN A, JAYAS D, et al, 2008. Feasibility of near-infrared hyperspectral imaging to differentiate Canadian wheat classes[J]. Biosystems Engineering, 101(1): 50-57.

MARTENS H, NAES T, 1992. Multivariate calibration[M]. John Wiley & Sons.

MILTON E J, SCHAEPMAN M E, ANDERSON K, et al, 2009. Progress in field spectroscopy[J]. Remote Sensing of Environment, 113: S92-S109.

MKHABELAA M S,BULLOCKA P, RAJ S,et al, 2011. Crop yield forecasting on the Canadian Prairies using MODIS NDVI data[J]. Agricultural and Forest Meteorology, 151: 385-393.

MUNDEN R, CURRAN P, CATT J, 1994. The relationship between red edge and chlorophyll concentration in the Broadbalk winter wheat experiment at Rothamsted[J]. Remote Sensing, 15(3): 705-709.

NAGELKERKE N J, 1991. A note on a general definition of the coefficient of determination[J]. Biometrika, 78(3): 691-692.

NOORKA I R, REHMAN S, HAIDRY J R, et al, 2009. Effect of water stress on physico-chemical properties of wheat (Triticum aestivum L.)[J]. Pak. J. Bot, 41(6): 2917-2924.

OHTANI K, 2000. Bootstrapping R2 and adjusted R2 in regression analysis[J]. Economic Modelling, 17(4):473-483.

OPPELT N, MAUSER W, 2004. Hyperspectral monitoring of physiological parameters of wheat during a vegetation period using AVIS data[J]. International Journal of Remote Sensing, 25(1): 145-159.

PEARSON K, LIII, 1901. On lines and planes of closest fit to systems of points in space[J]. The London, Edinburgh, and Dublin Philosophical Magazine and Journal of Science, 2(11): 559-572.

PIZZOLANTE R, 2011. Lossless compression of hyperspectral imagery[C]. 2011 First International Conference on Data Compression, Communications and Processing : 157-162.

PLAUT Z, BUTOW B J, BLUMENTHAL C S, et al, 2004. Transport of dry matter into developing wheat kernels and its contribution to grain yield under post-anthesis water deficit and elevated temperature[J]. Field Crops Research, 86(2-3): 0-198.

PRABHAKAR M, PRASAD Y G, THIRUPATHI M, et al, 2011. Use of ground based hyperspectral remote sensing for detection of stress in cotton caused by leafhopper (Hemiptera: Cicadellidae)[J]. Computers and Electronics in Agriculture, 79: 189-198.

PREACHER K J, CURRAN P J, BAUER D J, 2006. Computational tools for probing interactions in multiple linear regression, multilevel modeling, and latent curve analysis[J]. Journal of Educational and Behavioral Statistics, 31(4): 437-448.

PRICE J C, 1984. Land surface temperature measurements from the split window channels of the NOAA-7AVHRR[J]. Journal of Geophysical Research, 89: 7231-7237.

PU R L, GONG P, BIGING G S, et al, 2003. Extraction of red edge optical parameters from Hyperion data for estimation of forest leaf area index[J]. IEEE Transactions on Geoscience and Remote Sensing, 41(4): 916-921.

RADIM V, RADKA K, LUBOS B, et al, 2014. Consideration of peak parameters derived from continuum-removed spectra to predict extractable nutrients in soils with visible and near-infrared diffuse reflectance spectroscopy (VNIR-DRS)[J]. Geoderma, 232-234: 208-218.

RITCHIE S W, NGUYEN H T, HOLADAY A S, 1990. Leaf water content and gas - exchange parameters of two wheat genotypes differing in drought resistance[J]. Crop Science, 30(1): 105-111.

ROSSEL R V, MCBRATNEY A, 2008. Diffuse reflectance spectroscopy as a tool for digital soil mapping[M]//HARTEMINK A E. Digital Soil Mapping with Limited Data. Springer: 165-172.

SARKER A, RAHMAN M, PAUL N, 1999. Effect of soil moisture on relative leaf water content, chlorophyll, proline and sugar accumulation in wheat[J]. Journal of Agronomy and Crop Science, 183(4): 225-229.

SARTORY D, GROBBELAAR J, 1984. Extraction of chlorophyll a from freshwater phytoplankton for spectrophotometric analysis[J]. Hydrobiologia, 114(3): 177-187.

SCHONFELD M A, JOHNSON R C, CARVER B F, et al, 1988. Water relations in winter wheat as drought resistance indicators[J]. Crop Science, 28(3): 526-531.

SCHWANNINGER M, RODRIGUES J, PEREIRA H, et al, 2004. Effects of short-time vibratory ball milling on the shape of FT-IR spectra of wood and cellulose[J]. Vibrational Spectroscopy, 36(1): 23-40.

SHANGGUAN Z, SHAO M, DYCKMANS J, 1999. Interaction of osmotic adjustment and photosynthesis in winter wheat under soil drought[J]. Journal of Plant Physiology, 154(5-6): 753-758.

SHAO H B, CHU L-Y, WU G, et al, 2007. Changes of some anti-oxidative physiological indices under soil water deficits among 10 wheat (*Triticum aestivum* L.) genotypes at tillering stage[J]. Colloids and Surfaces B: Biointerfaces, 54(2): 143-149.

SHIBAYAMA M, AKIYAMA T, 1989. Seasonal visible, near-infrared and mid-infrared spectra of rice canopies in relation to LAI and above-ground dry phytomass[J]. Remote Sensing of Environment, 27(2): 119-127.

SHUQIN Y, DONGJIAN H, JIFENG N, 2016. Predicting wheat kernels' protein content by near infrared hyperspectral imaging[J]. International Journal of Agricultural and Biological Engineering, 9(2): 163-170.

SIEGEL B, 1993. Plant peroxidases—an organismic perspective[J]. Plant Growth Regulation, 12(3): 303-312.

SILLS D L, GOSSETT J M, 2012. Using FTIR to predict saccharification from enzymatic hydrolysis of alkali-pretreated biomasses[J]. Biotechnology and Bioengineering, 109(2): 353-362.

SINGH C B, JAYAS D S, PALIWAL J, et al, 2009a. Detection of sprouted and midge - damaged wheat kernels using near-infrared hyperspectral imaging[J]. Cereal Chemistry, 86(3): 256-260.

SINGH C, JAYAS D, PALIWAL J, et al, 2009b. Detection of insect-damaged wheat kernels using near-infrared hyperspectral imaging[J]. Journal of stored Products Research, 45(3): 151-158.

SOCIETY A M, 1997. Meteorological drought-policy statement[J]. Bulletin of the American Meteorological Society, 78: 847-849.

STEDUTO P, HSIAO T C, RAES D, et al, 2009. AquaCrop—The FAO crop model to simulate yield response to water: I. Concepts and underlying principles[J]. Agronomy Journal, 101(3): 426-437.

TAKAHASHI W, VU N-C, KAWAGUCHI S, et al, 2000. Statistical models for prediction of dry weight and nitrogen accumulation based on visible and near-infrared hyper-spectral reflectance of rice canopies[J]. Plant Production Science, 3(4): 377-386.

TAMBUSSI E A, BARTOLI C G, BELTRANO J, et al, 2000. Oxidative damage to thylakoid proteins in water - stressed leaves of wheat (Triticum aestivum)[J]. Physiologia Plantarum, 108(4): 398-404.

TAMBUSSI E A, CASADESUS J, MUNNÉ-BOSCH S, et al, 2002. Photoprotection in water-stressed plants of durum wheat (Triticum turgidum var. durum): changes in chlorophyll fluorescence, spectral signature and photosynthetic pigments[J]. Functional Plant Biology, 29(1): 35-44.

THOMAS J, GAUSMAN H, 1977. Leaf reflectance vs. leaf chlorophyll and carotenoid concentrations for eight crops[J]. Agronomy Journal, 69(5): 799-802.

TILLING A K, O' LEARY G J, FERWERDA J G, et al, 2007. Remote sensing of nitrogen and water stress in wheat[J]. Field Crops Research, 104(1-3): 77-85.

TROLL W, LINDSLEY J, 1955. A photometric method for the determination of proline[J]. Journal of Biological Chemistry, 215(2): 655-660.

TSCHANNERL J, REN J, YUEN P, et al, 2019. MIMR-DGSA: Unsupervised hyperspectral band selection based on information theory and a modified discrete gravitational search algorithm[J]. Information Fusion, 51: 189-200.

USTIN S L, RIAÑO D, HUNT E R, 2012. Estimating canopy water content from spectroscopy[J]. Israel Journal of Plant Sciences, 60(1-2): 9-23.

VANE G, GOETZ A F, 1993. Terrestrial imaging spectrometry: current status, future trends[J]. Remote Sensing of Environment, 44(2-3): 117-126.

WANG X, GUO N, ZHAO C, et al, 2010. Hyperspectral reflectance characteristics for Spring Wheat in different drought intimidate[C]. 2010 18th International Conference on Geoinformatics : 1-4.

WANG D C, SEN L R, WANG J H, et al, 2011. ANN-Based wheat chlorophyll density estimation using canopy hyperspectral vegetation indices[J]. Key Engineering Materials, 500: 243-249.

WIEGAND C, GAUSMAN H, ALLEN W, 1972. Physiological factors and optical parameters as bases of vegetation discrimination and stress analysis[C]. Seminar on Operational remote sensing.

WINTER S, MUSICK J, PORTER K, 1988. Evaluation of screening techniques for breeding drought - resistanct winter wheat[J]. Crop Science, 28(3): 512-516.

WU Q, ZHU D Z, WANG C, et al, 2012a. Diagnosis of freezing stress in wheat seedlings using hyperspectral imaging[J]. Biosystems Engineering, 112(4): 253-260.

WU X-L, BAO W-K, 2012b. Statistical analysis of leaf water use efficiency and physiology traits of winter wheat under drought condition[J]. Journal of Integrative Agriculture, 11(1): 82-89.

XAVIER A C, RUDORFF B F T, MOREIRA M A, et al, 2006. Hyperspectral field reflectance measurements to estimate wheat grain yield and plant height[J]. Scientia Agricola, 63(2): 130-138.

XU C, LI D, ZOU Q, et al, 1999. Effect of drought on chlorophyll fluorescence and xanthophyll cycle components in winter wheat leaves with different ages[J]. Acta Phytophysiologica Sinica, 25(1): 29-37.

YANG H, KUANG B, MOUAZEN A, 2012. Quantitative analysis of soil nitrogen and carbon at a farm scale using visible and near infrared spectroscopy coupled with wavelength reduction[J]. European Journal of Soil Science, 63(3): 410-420.

YONGKAI X, WANG C, WUDE Y, et al, 2020. Canopy hyperspectral characteristics and yield estimation of winter wheat (*Triticum aestivum*) under low temperature injury[J]. Scientific Reports, 10(1): 244.

YUNHAO C, JINBAO J, GUIFEI J, et al, 2007. Analysis of hyperspectral characters of winter wheat under different nitrogen and water stress[J]. 2007 IEEE International Geoscience and Remote Sensing Symposium : 3031-3034.

ZAEFYZADEH M, QULIYEV R A, BABAYEVA S M, et al, 2009. The effect of the interaction between genotypes and drought stress on the superoxide dismutase and chlorophyll content in durum wheat landraces[J]. Turkish Journal of Biology, 33(1): 1-7.

ZARCO-TEJADA P J, RUEDA C, USTIN S L, 2003. Water content estimation in vegetation with MODIS reflectance data and model inversion methods[J]. Remote Sensing of Environment, 85(1): 109-124.

ZHANG J, KIRKHAM M, 1994. Drought-stress-induced changes in activities of superoxide dismutase, catalase, and peroxidase in wheat species[J]. Plant and Cell Physiology, 35(5): 785-791.

ZHANG J, BLACK A M, KYVERYGA P M, et al, 2010. Temporal patterns in symptoms of nitrogen deficiency as revealed by remote sensing of corn canopy[J]. Soil Science Society of China , 20(1): 15-22.

ZHANG D, LIU L, HUANG W, et al, 2013. Inversion and evaluation of crop chlorophyll density based on analyzing image and spectrum[J]. Infrared & Laser Engineering, 42(7): 1871-1881.

ZHANG F, ZHOU G, 2015. Estimation of canopy water content by means of hyperspectral indices based on drought stress gradient experiments of maize in the north plain China[J]. Remote Sensing, 7(11): 15203-15223.

ZOU X, ZHAO J, POVEY M J W, et al, 2010. Variables selection methods in near-infrared spectroscopy[J]. Analytica Chimica Acta, 667(1-2): 14-32.

ZWART S J, BASTIAANSSEN W G, 2007. Sebal for detecting spatial variation of water productivity and scope for improvement in eight irrigated wheat systems[J]. Agricultural Water Management, 89(3): 287-296.

# 附录1

# 《冬小麦灾害田间调查及分级技术规范》（NY/T 2283—2012）

# 冬小麦灾害田间调查及分级技术规范
# 第1部分:冬小麦干旱灾害

## 1 范围

本部分规定了冬小麦干旱灾害田间调查的术语和定义、基本要求、分级评价指标等。

本部分适用于冬小麦主要种植区干旱灾情的监测、预警与评估。

## 2 规范性引用文件

下列文件对于本文件的应用是必不可少的。凡是注日期的引用文件,仅注日期的版本适用于本文件。凡是不注日期的引用文件,其最新版本(包括所有的修改单)适用于本文件。

QX/T 81 小麦干旱灾害等级

## 3 术语和定义

QX/T 81界定的以及下列术语和定义适用于本文件。

3.1

**农业干旱 agricultural drought**

由于长时期降水偏少或缺少灌溉,土壤水分不足,使农作物的正常生长发育受到抑制,发生凋萎或枯死的一种灾害。

3.2

**土壤干旱 soil drought**

土壤水分不能满足植株生理需要而造成生长发育不良和减产的现象。

注:改QX/T 81—2007,定义2.2。

3.3

**干土层 surface dry soil layer**

作物生长期间土壤(壤土)绝对含水量低于10%的土层厚度。在北方冬小麦越冬期间,特指冻土层以上由于反复冻融水分蒸发和升华所形成的风干土层。

3.4

**土壤相对含水量 relative soil water content**

土壤含水量占田间持水量的百分率。

3.5

**冬小麦干旱 drought of winter wheat**

由于土壤干旱或大气干旱,冬小麦根系从土壤中吸收到的水分难以补偿蒸腾的消耗,使植株体内水分收支失衡并出现亏缺,正常生长发育受到严重影响乃至部分枯死,并最终导致减产或品质降低的一种灾害。

3.6

**减产率(%) yield loss rate**

采用受旱后的小麦实际产量与对照产量(当地同一品种小麦常年平均产量或当年未受旱害小麦产量)的差占对照产量的百分比。

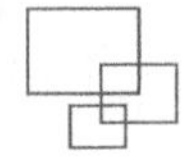


## 4 基本要求

### 4.1 调查准备

#### 4.1.1 制订方案

根据气象预报或气象观测记录以及农情调度反映该作物将发生灾害时，作为冬小麦干旱灾害调查的起始时间。田间调查应预先制定调查方案，明确调查人员、对象、时间、地点、项目、程序和方法等。

#### 4.1.2 调查内容

冬小麦干旱灾害田间调查的主要内容包括基本情况、受灾情况、灾害等级评定等，具体按照表 A.1 规定的内容调查记载。

#### 4.1.3 调查记录

田间调查应由专人负责，并保持相对稳定。田间调查过程中，不得缺测、漏测、迟测和擅自中断、停止调查记录；调查记录字迹要工整，清晰易辨。要做好田间调查结果的整理、保存。

### 4.2 冬小麦生长发育期

冬小麦生长发育期主要包括出苗期、三叶期、分蘖期、越冬开始期、返青期、起身期、拔节期、挑旗期、抽穗期、开花期、乳熟期、蜡熟期和完熟期等，判定依据按附录 B 的规定执行。

### 4.3 调查与采样方法

调查内容包括干叶率、干土层、死株率和植株个体发育情况等。调查采用多点取样方法，样点数量根据要测定的面积确定，一般不少于 5 个点，采用条播的，每点调查 2 行，每行长度 1 m，采用撒播的，每点调查面积不少于 0.4 $m^2$；调查地块的面积超过 0.67 $hm^2$ 的，调查样点数不少于 10 个。

## 5 分级评价指标

### 5.1 播种—出苗期干旱灾害

冬小麦播种—出苗期干旱灾害田间调查分级评价指标见表 1。

**表 1 冬小麦播种—出苗期干旱灾害田间调查分级评价指标**

| 干旱灾害等级 | 土壤水分状况和植株形态特征 |
|---|---|
| 无旱 | 土壤墒情适宜；出苗齐匀 |
| 轻旱 | 降水较常年偏少，土壤水分轻度不足，干土层达 1 cm～3 cm；<br>出苗受轻微影响，出苗时间有所推迟且稍欠整齐，但仍能基本全苗 |
| 中旱 | 降水持续较常年偏少，土壤表面干燥，干土层 3 cm～5 cm；<br>播后镇压或深播部分种子可吸水发芽；出苗困难且不整齐，幼苗生长缓慢 |
| 重旱 | 土壤水分持续严重不足，出现较厚的干土层，达 5 cm～8 cm；<br>持续干旱少雨，墒情差，不能适时播种，即使深播也难以发芽；出苗率很低，苗不齐，苗弱，生长缓慢 |
| 特旱 | 土壤水分长时间严重不足，干土层 8 cm 以上，如不灌溉种子不能发芽 |

### 5.2 越冬期干旱灾害

冬小麦越冬期干旱灾害冬季开始调查，北部冬麦区以干土层厚度为主要评价指标，黄淮冬麦区以耕层土壤相对含水量为主要评价指标，见表 2～表 4。

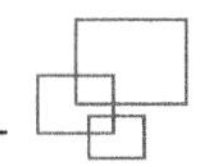

表 2 北部冬麦区小麦越冬期干旱灾害田间调查分级评价指标

| 干旱灾害等级 | 土壤水分状况和植株形态特征 |
|---|---|
| 无旱 | 干土层 2 cm 以下，基部叶鞘饱满 |
| 轻旱 | 干土层达 2 cm～4 cm，基部叶鞘轻度皱缩 |
| 中旱 | 干土层达 4 cm～6 cm，基部叶鞘和分蘖节明显皱缩 |
| 重旱 | 干土层达 6 cm～8 cm，基部叶鞘和分蘖节严重皱缩，部分植株枯死 |
| 特旱 | 干土层达 8 cm 以上，基部叶鞘和分蘖节严重干枯，植株大量死亡 |
| 注：新疆冬麦区参照此表执行。 | |

表 3 黄淮冬麦区小麦越冬期干旱灾害田间调查分级评价指标

| 干旱灾害等级 | 土壤水分状况和植株形态特征 |
|---|---|
| 无旱 | 0 cm～20 cm 耕层土壤相对含水量 65%以上，植株生长正常 |
| 轻旱 | 0 cm～20 cm 耕层土壤相对含水量 55%～65%，植株下部叶片部分枯黄 |
| 中旱 | 0 cm～20 cm 耕层土壤相对含水量 45%～55%，植株下部叶片枯萎 |
| 重旱 | 0 cm～20 cm 耕层土壤相对含水量 35%～45%，植株中下部叶片枯萎 |
| 特旱 | 0 cm～20 cm 耕层土壤相对含水量 35%以下，植株大部叶片枯萎 |

表 4 西南冬麦区小麦冬季干旱灾害田间调查分级评价指标

| 干旱灾害等级 | 土壤水分状况和植株形态特征 |
|---|---|
| 无旱 | 0 cm～20 cm 耕层土壤相对含水量 65%以上，植株生长正常 |
| 轻旱 | 0 cm～20 cm 耕层土壤相对含水量 55%～65%，干土层达 1 cm～3 cm，植株下部叶片枯黄，干叶率 10%以下 |
| 中旱 | 0 cm～20 cm 耕层土壤相对含水量 45%～55%，干土层达 3 cm～8 cm，植株中下部叶片枯黄，干叶率 10%～20% |
| 重旱 | 0 cm～20 cm 耕层相对含水量 40%～45%，干土层达 8 cm～15 cm，干叶率 20%～40%，植株大部叶片枯黄，白天出现萎蔫 |
| 特旱 | 0 cm～20 cm 耕层土壤相对含水量 40%以下，干土层超过 15 cm，植株大部叶片枯黄，夜间仍然萎蔫，干叶率 40%以上 |

## 5.3 起身—拔节期干旱灾害

冬小麦起身—拔节期的干旱灾害田间调查分级评价指标见表 5。

表 5 冬小麦起身—拔节期干旱灾害田间调查分级评价指标

| 干旱灾害等级 | 土壤水分状况和植株形态特征 |
|---|---|
| 无旱 | 土壤墒情适宜，0 cm～20 cm 耕层土壤相对含水量 65%以上，植株生长健壮 |
| 轻旱 | 0 cm～20 cm 耕层土壤相对含水量 60%～65%，或干土层达 3 cm～5 cm；返青和拔节稍迟，春季分蘖较少，下部叶片枯黄，株高略偏矮 |
| 中旱 | 0 cm～20 cm 耕层土壤相对含水量 55%～60%，或干土层达 5 cm～8 cm；返青和拔节推迟，春季分蘖偏少，冬前分蘖退化，中下部叶片枯黄，株高偏矮 |
| 重旱 | 0 cm～20 cm 耕层土壤相对含水量 45%～55%，或干土层达 8 cm～12 cm；返青和拔节明显推迟，春季分蘖很少，冬前分蘖明显退化，大部叶片枯黄，株高明显偏矮，少部分植株死亡 |
| 特旱 | 0 cm～20 cm 耕层土壤相对含水量 45%以下，或干土层达 12 cm 以上；拔节明显受阻，没有春季分蘖，冬前分蘖大量退化，大部叶片萎蔫，部分植株死亡 |

### 5.4 抽穗—开花期干旱灾害

冬小麦抽穗—开花期干旱灾害田间调查分级评价指标见表6。

表6 冬小麦抽穗—开花期干旱灾害田间调查分级评价指标

| 干旱灾害等级 | 土壤水分状况和植株形态特征 |
| --- | --- |
| 无旱 | 0 cm～20 cm 耕层土壤相对含水量70%以上，植株叶色深绿，抽穗开花整齐，植株生长正常 |
| 轻旱 | 0 cm～20 cm 耕层土壤相对含水量65%～70%，或干土层在1 cm～3 cm；<br>少数植株中午叶片轻度萎蔫，但很快恢复正常；<br>下部部分叶片叶尖发黄，抽穗开花基本正常 |
| 中旱 | 0 cm～20 cm 耕层土壤相对含水量60%～65%，或干土层在3 cm～5 cm；<br>部分植株中午叶片萎蔫、卷缩，失去光泽，傍晚可基本恢复正常；<br>下部叶片发黄，中部叶片叶尖枯黄；<br>部分穗上部或中上部小穗不孕，结实率下降 |
| 重旱 | 0 cm～20 cm 耕层土壤相对含水量55%～60%，或干土层5 cm～8 cm；<br>大部分植株中午至晚间叶片明显萎蔫、卷缩，浇水后可恢复正常；<br>中下部叶片枯黄，上部叶片叶尖1/3枯黄；<br>抽穗期显著推迟，穗下部和上部小穗不孕，成穗率与结实率大幅下降 |
| 特旱 | 0 cm～20 cm 耕层土壤相对含水量55%以下，或干土层8 cm以上；<br>植株大面积干枯、死亡 |

### 5.5 灌浆期干旱灾害

冬小麦灌浆期干旱灾害田间调查分级评价指标见表7。

表7 冬小麦灌浆期干旱灾害田间调查分级评价指标

| 干旱灾害等级 | 土壤水分状况和植株形态特征 |
| --- | --- |
| 无旱 | 0 cm～20 cm 耕层土壤相对含水量灌浆前期在70%以上，后期65%以上；<br>前期叶色浓绿，中后期从下向上正常落黄；<br>植株高度和穗型整齐一致 |
| 轻旱 | 0 cm～20 cm 耕层土壤相对含水量灌浆前期65%～70%，后期60%～65%，或干土层在1 cm～3 cm；<br>中午少部分上部叶片萎蔫，但很快恢复正常 |
| 中旱 | 0 cm～20 cm 耕层土壤相对含水量灌浆前期60%～65%，后期55%～60%，或干土层在3 cm～5 cm；<br>中午部分叶片缺水萎蔫，但晚间可恢复正常；<br>植株中下部叶片提前枯黄，灌浆期缩短；<br>部分籽粒退化，结实率有所降低；结实籽粒的粒重也有下降 |
| 重旱 | 0 cm～20 cm 耕层土壤相对含水量灌浆前期50%～60%，后期45%～55%，或干土层5 cm～8 cm；<br>中午至晚间叶片萎蔫，浇水后可恢复正常；<br>植株大部叶片过早枯黄，灌浆期明显缩短；<br>结实率与粒重明显下降，有早衰逼熟现象；<br>将造成较大减产 |
| 特旱 | 0 cm～20 cm 耕层土壤相对含水量灌浆前期50%以下，后期45%以下，或干土层8 cm以上；<br>植株提前枯死，结实率和粒重均严重下降，后期明显炸芒死熟；<br>将造成严重减产，甚至绝收 |

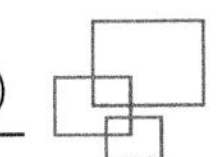

## 附 录 A
### （规范性附录）
### 冬小麦灾害田间调查记录表

表 A.1 给出了冬小麦干旱灾害田间调查记录表的规范模板。

**表 A.1 冬小麦干旱灾害田间调查记录表**

______省______区(县)______乡镇　户主(地块)名称______调查日期______

<table>
<tr><td rowspan="6">基本情况</td><td>品种名称</td><td colspan="2"></td><td colspan="2">播种日期</td><td></td></tr>
<tr><td>发生日期</td><td colspan="2"></td><td colspan="2">受灾面积,$hm^2$</td><td></td></tr>
<tr><td>生长发育期</td><td colspan="5">播种—出苗期□ 返青期□ 起身期□ 拔节期□ 越冬期□ 抽穗—开花期□<br>灌浆—成熟期□</td></tr>
<tr><td>主茎叶龄</td><td></td><td>单株分蘖数</td><td></td><td>株高,cm</td><td></td></tr>
<tr><td>干旱发生时的气象因素</td><td colspan="5">雨量、蒸发量及与同期比较;干旱始期,持续时间</td></tr>
<tr><td>其他</td><td colspan="5"></td></tr>
<tr><td rowspan="4">受灾情况</td><td>植株受害情况</td><td colspan="5">叶片<br>穗部<br>死茎率<br>死株率</td></tr>
<tr><td>干土层厚度</td><td colspan="5"></td></tr>
<tr><td>耕层土壤相对含水量</td><td colspan="5"></td></tr>
<tr><td>生育期延迟天数</td><td colspan="5"></td></tr>
<tr><td colspan="2" rowspan="2">灾害等级评定</td><td>无旱</td><td>轻旱</td><td>中旱</td><td>重旱</td><td>特旱</td></tr>
<tr><td></td><td></td><td></td><td></td><td></td></tr>
<tr><td colspan="2">调查人</td><td colspan="2"></td><td colspan="2">联系电话</td><td></td></tr>
<tr><td colspan="7">备注:</td></tr>
</table>

# 附　录　B

（规范性附录）

冬小麦生长发育期判断标准

表 B.1 给出了冬小麦生长发育期的各阶段划分以及描述性判定指标。

**表 B.1　冬小麦各生长发育期的划分指标**

| 生长发育期 | 植株形态特征 |
| --- | --- |
| 出苗期 | 50%以上麦苗第一片叶出土 2 cm 左右 |
| 三叶期 | 50%以上麦苗主茎第三叶伸出叶鞘 2 cm 左右 |
| 分蘖期 | 50%以上麦苗第一分蘖伸出叶鞘 1 cm～2 cm |
| 越冬开始期 | 冬前日平均气温稳定在 0℃以下，植株停止生长 |
| 返青期 | 春季气温回升后，植株恢复生长，50%以上麦苗心叶新长部分达 1 cm 左右 |
| 起身期 | 50%以上麦苗主茎的叶鞘显著伸长。冬性品种的匍匐状幼苗转为直立生长。茎基部第一节间在地下已开始伸长 |
| 拔节期 | 50%以上麦苗主茎茎节伸出地面 2 cm 左右，用两个手指头捏摸可触及 |
| 挑旗期 | 50%以上的植株旗叶展开（即全部伸出下一叶的叶鞘），这时旗叶叶鞘包着的幼穗明显膨大，所以也称孕穗期 |
| 抽穗期 | 50%以上麦穗的顶部小穗露出旗叶鞘 1 cm |
| 开花期 | 50%以上麦穗的中、上部开花后露出黄色花药 |
| 乳熟期 | 穗子中部籽粒达到正常大小，呈黄绿色。籽粒内含物充满乳状浆液 |
| 蜡熟期 | 茎、叶、穗转黄色，籽粒呈蜡质状 |
| 完熟期 | 植株枯黄，籽粒变硬，不易被指甲划破，籽粒含水量在 14%～16% |

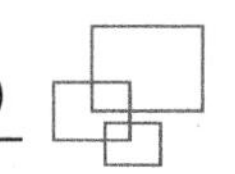

# 冬小麦灾害田间调查及分级技术规范
# 第2部分:冬小麦冻害

## 1 范围

本部分规定了冬小麦冻害田间调查的术语和定义、基本要求、分级评价指标等。

本部分适用于冬小麦种植区越冬期冻害灾情的监测、预警与评估。

## 2 术语和定义

下列术语和定义适用于本文件。

2.1

**冻害 freezing damage**

农作物在越冬期间由于0℃以下持续低温、极端低温或剧烈变温,造成组织和器官受到损伤甚至全株死亡的一种灾害。

2.2

**冬小麦越冬冻害 freezing damage to winter wheat**

麦苗在越冬期间,因0℃以下强烈低温或剧烈变温,植株的部分器官受害,部分分蘖乃至全株死亡的现象。

2.3

**死株率 death rate of plants**

冬小麦遭受冻害后,在单位农田面积上,冻死植株数量占总株数的百分率(%)。

注:冬小麦越冬期—返青期判断死株率要以分蘖节剖面变暗褐色为准,可带根取样在室内盆栽补水观察能否返青生长来判断,但需要鉴别假生长现象。

2.4

**死茎率 death rate of shoots**

冬小麦受冻害后,在单位农田面积上,冻死主茎和分蘖数占总茎数的百分率(%)。

注:冬小麦越冬期—返青期判断死茎率要以生长锥受冻皱缩为准。但通常包在生长锥外,长度在1 cm~2 cm左右的幼心叶呈软熟水渍状即可判断为死茎。

2.5

**假生长现象 spurious growth**

分蘖节已冻坏的植株或生长锥已冻坏的茎,其存活叶片在早春返青后仍能利用叶鞘贮存养分和返浆土壤水分,表现出微弱的生长,容易给人以存活的假象,一般只能维持几天到十几天即最终枯萎腐烂。

2.6

**减产率 yield loss rate**

采用受冻后的小麦实际产量与对照产量(当地同一品种小麦常年平均产量或当年未受冻害小麦产量)的差占对照产量的百分比(%)。

## 3 基本要求

### 3.1 调查准备

#### 3.1.1 制订方案

根据气象预报或气象观测记录以及农情调度反映该作物将发生灾害时，作为冬小麦冻害调查的起始时间。田间调查应预先制定调查方案，明确调查人员、对象、时间、地点、项目、程序和方法等。

### 3.1.2 调查内容

冬小麦冻害田间调查的主要内容包括基本情况、受灾情况、灾害等级评定等，具体按照表 A.1 规定的内容调查记载。

### 3.1.3 调查记录

田间调查应由专人负责，并保持相对稳定。田间调查过程中，不得缺测、漏测、迟测和擅自中断、停止调查记录；调查记录字迹要工整，清晰易辨。要做好田间调查结果的整理、保存。

### 3.2 冬小麦生长发育期

冬小麦生长发育期主要包括出苗期、三叶期、分蘖期、越冬开始期、返青期、起身期、拔节期、挑旗期、抽穗期、开花期、乳熟期、蜡熟期和完熟期等，判定依据按附录 B 的规定执行。

### 3.3 调查与采样方法

调查内容包括死茎率、返青期或起身期延迟天数等。调查采用多点取样方法，样点数量根据要测定的面积确定，一般不少于 5 个点，采用条播的，每点调查 2 行，每行长度 1 m，采用撒播的，每点调查面积不少于 0.4 $m^2$；调查地块的面积超过 0.67 $hm^2$ 的，调查样点数不少于 10 个。对冻害严重的地块要调查死株率。

## 4 分级评价指标

### 4.1 北部冬麦区小麦越冬冻害

北部冬麦区小麦（有稳定冬眠）越冬冻害田间调查分级评价指标见表 1。

**表 1 北部冬麦区小麦越冬冻害田间调查分级评价指标**

| 冻害等级 | 植株形态特征 |
|---|---|
| 无冻害 | 麦苗虽然叶片明显干枯，但未发生死茎死株现象，基部叶鞘较饱满 |
| 轻度冻害 | 地上部叶片严重干枯，叶鞘有皱缩现象，死茎率 10%以下 |
| 中度冻害 | 地上部叶片全部干枯，叶鞘明显皱缩，死茎率 10%～30% |
| 重度冻害 | 地上部全部严重枯萎，地下部根颈也明显皱缩，死茎率 30%～50% |
| 特重度冻害 | 地上部全部枯死，地下部根颈明显枯萎，死茎率 50%以上 |
| 注：新疆冬春麦区中的冬小麦参照此评价指标执行。 | |

### 4.2 黄淮冬麦区小麦越冬冻害

黄淮冬麦区小麦（无稳定冬眠）越冬冻害田间调查分级评价指标见表 2。

**表 2 黄淮冬麦区小麦越冬冻害田间调查分级评价指标**

| 冻害等级 | 植株形态特征 |
|---|---|
| 无冻害 | 叶片干枯 1/5 以下，无死茎死株现象 |
| 轻度冻害 | 叶片干枯 1/5～1/2，死茎率 5%以下 |
| 中度冻害 | 叶片干枯 1/2～3/4，死茎率 5%～20%，幼穗分化也受到一定影响 |
| 重度冻害 | 叶片干枯>3/4，叶鞘明显皱缩，死茎率 20%～40%，存活株幼穗分化明显受抑 |
| 特重度冻害 | 叶片全部干枯，死茎率 40%以上 |

### 4.3 南方冬麦区小麦越冬冻害

南方冬麦区小麦（无冬眠）越冬冻害田间调查分级评价指标见表 3。

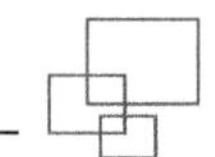

表 3 南方冬麦区小麦越冬冻害田间调查分级评价指标

| 冻害等级 | 植株形态特征 |
| --- | --- |
| 无冻害 | 叶片未冻枯，无死茎死株现象 |
| 轻度冻害 | 叶尖干枯小于 1/5，影响生长，无死茎现象 |
| 中度冻害 | 上部叶片干枯 1/5～1/3，部分幼穗受冻，死茎率 5%以下，存活株回暖后生长缓慢，分蘖数量明显减少 |
| 重度冻害 | 叶片干枯 1/3～3/4，幼穗普遍冻伤，死茎率 5%～30%，回暖后生长发育显著延迟，分蘖数大减 |
| 特重度冻害 | 叶片大部分干枯，部分根系冻死，死茎率 30%以上，存活株幼穗冻伤较重，生长发育近于停滞，植株矮小 |

# 附　录　A

## （规范性附录）

## 冬小麦灾害田间调查记录表

表 A.1 给出了冬小麦冻害田间调查记录表的规范模板。

**表 A.1　冬小麦冻害田间调查记录表**

______省______区(县)______乡镇　户主(地块)名称______调查日期______

<table>
<tr><td rowspan="7">基本情况</td><td colspan="2">品种名称</td><td colspan="2"></td><td colspan="2">播种日期</td><td colspan="2"></td></tr>
<tr><td colspan="2">发生日期</td><td colspan="2"></td><td colspan="2">受灾面积,$hm^2$</td><td colspan="2"></td></tr>
<tr><td colspan="2">发育阶段</td><td colspan="2">返青期□　起身期□</td><td colspan="2">麦田类型</td><td colspan="2">水浇地□　旱地□</td></tr>
<tr><td colspan="2">主茎叶龄</td><td></td><td>单株分蘖</td><td colspan="2"></td><td>株高,cm</td><td></td></tr>
<tr><td colspan="2">所属麦区</td><td colspan="6">北部冬麦区□　黄淮冬麦区□　南方冬麦区□</td></tr>
<tr><td colspan="2">越冬期间<br>气象因素</td><td colspan="6">冬前积温、停止生长前后日平均气温降温幅度、越冬期间负积温和极端最低气温及降水量、返青后极端最低气温等</td></tr>
<tr><td colspan="2">其他</td><td colspan="6"></td></tr>
<tr><td rowspan="6">受灾情况</td><td rowspan="5">植株受害情况</td><td>叶片</td><td colspan="6"></td></tr>
<tr><td>叶鞘</td><td colspan="6"></td></tr>
<tr><td>死茎率,%</td><td colspan="6"></td></tr>
<tr><td>死株率,%</td><td colspan="6"></td></tr>
<tr><td>其他</td><td colspan="6"></td></tr>
<tr><td colspan="2">返青期或起身期延迟天数</td><td colspan="6"></td></tr>
<tr><td colspan="2" rowspan="2">灾害等级评定</td><td>无冻害</td><td>轻度冻害</td><td colspan="2">中度冻害</td><td colspan="2">重度冻害</td><td>特重度冻害</td></tr>
<tr><td></td><td></td><td colspan="2"></td><td colspan="2"></td><td></td></tr>
<tr><td colspan="2">调查人</td><td colspan="3"></td><td colspan="2">联系电话</td><td colspan="2"></td></tr>
<tr><td colspan="9">备注：</td></tr>
</table>

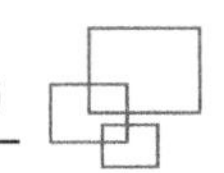

# 附 录 B
(规范性附录)
冬小麦生长发育期判断标准

表 B.1 给出了冬小麦生长发育期的各阶段划分以及描述性判定指标。

**表 B.1 冬小麦各生长发育期的划分指标**

| 生长发育期 | 植株形态特征 |
|---|---|
| 出苗期 | 50%以上麦苗第一片叶出土 2 cm 左右 |
| 三叶期 | 50%以上麦苗主茎第三叶伸出叶鞘 2 cm 左右 |
| 分蘖期 | 50%以上麦苗第一分蘖伸出叶鞘 1 cm～2 cm |
| 越冬开始期 | 冬前日平均气温稳定在 0℃以下,植株停止生长 |
| 返青期 | 春季气温回升后,植株恢复生长,50%以上麦苗心叶新长部分达 1 cm 左右 |
| 起身期 | 50%以上麦苗主茎的叶鞘显著伸长。冬性品种的匍匐状幼苗转为直立生长。茎基部第一节间在地下已开始伸长 |
| 拔节期 | 50%以上麦苗主茎茎节伸出地面 2 cm 左右,用两个手指头捏摸可触及 |
| 挑旗期 | 50%以上的植株旗叶展开(即全部伸出下一叶的叶鞘),这时旗叶叶鞘包着的幼穗明显膨大,所以也称孕穗期 |
| 抽穗期 | 50%以上麦穗的顶部小穗露出旗叶鞘 1 cm |
| 开花期 | 50%以上麦穗的中、上部开花后露出黄色花药 |
| 乳熟期 | 穗子中部籽粒达到正常大小,呈黄绿色。籽粒内含物充满乳状浆液 |
| 蜡熟期 | 茎、叶、穗转黄色,籽粒呈蜡质状 |
| 完熟期 | 植株枯黄,籽粒变硬,不易被指甲划破,籽粒含水量在 14%～16% |

# 冬小麦灾害田间调查及分级技术规范<br>第3部分:冬小麦霜冻害

## 1 范围

本部分规定了冬小麦霜冻害田间调查的术语和定义、基本要求、分级评价指标等。

本部分适用于冬小麦种植区霜冻灾害灾情的监测、预警与评估。

## 2 规范性引用文件

下列文件对于本文件的应用是必不可少的。凡是注日期的引用文件,仅注日期的版本适用于本文件。凡是不注日期的引用文件,其最新版本(包括所有的修改单)适用于本文件。

QX/T 88 作物霜冻害等级

## 3 术语和定义

QX/T 88界定的以及下列术语和定义适用于本文件。

3.1

**霜 frost**

当气温下降使地表或接近地表的物体表面最低温度降到0℃或以下,空气中水汽直接凝华在地表或物体上形成白色冰晶的一种天气现象。

注:改QX/T 88—2008,定义2.2。

3.2

**霜冻害 frost damage**

生长季节里因植物体温度降到0℃以下而受冻伤甚至死亡的一种农业气象灾害,不论是否出现白色冰霜。

3.3

**早霜冻 early frost damage**

由温暖季节向寒冷季节过渡时期发生的霜冻为早霜冻,通常发生在秋季,也称秋霜冻,其中第一场霜冻称为初霜冻。

3.4

**晚霜冻 late frost damage**

由寒冷季节向温暖季节过渡时期发生的霜冻为晚霜冻,通常发生在春季,也称春霜冻,其中最后一场霜冻称为终霜冻。

3.5

**受冻茎率 rate of frosted stem**

冬小麦遭受霜冻害后,在单位农田面积上,受冻茎数占总茎数的百分率(%)。

3.6

**幼穗冻死率 death rate of young ears**

冬小麦遭受霜冻害后,在单位农田面积上,幼穗冻死数占总幼穗数的百分率(%)。

3.7

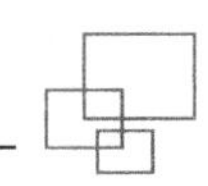

**减产率 yield loss rate**

采用受霜冻害后的小麦实际产量与对照产量(当地同一品种小麦常年平均产量或当年未受霜冻害田块的小麦产量)的差占对照产量的百分比(%)。

## 4 基本要求

### 4.1 调查准备

#### 4.1.1 制订方案

根据气象预报或气象观测记录以及农情调度反映该作物将发生灾害时,作为冬小麦霜冻害调查的起始时间。田间调查应预先制定调查方案,明确调查人员、对象、时间、地点、项目、程序和方法等。

#### 4.1.2 调查内容

冬小麦霜冻害田间调查的主要内容包括基本情况、受灾情况、灾害等级评定等,具体按照表 A.1 规定的内容调查记载。

#### 4.1.3 调查记录

田间调查应由专人负责,并保持相对稳定。田间调查过程中,不得缺测、漏测、迟测和擅自中断、停止调查记录;调查记录字迹要工整,清晰易辨。要做好田间调查结果的整理、保存。

### 4.2 冬小麦生长发育期

冬小麦生长发育期主要包括出苗期、三叶期、分蘖期、越冬开始期、返青期、起身期、拔节期、挑旗期、抽穗期、开花期、乳熟期、蜡熟期和完熟期等,判定依据按附录 B 的规定执行。

### 4.3 调查与采样方法

调查内容包括叶片受冻状况、节间受冻茎率、幼穗冻死率、幼穗缺粒和形态等。调查采用多点取样方法,样点数量根据要测定的面积确定,一般不少于 5 个点,采用条播的,每点调查 2 行,每行长度 1 m,采用撒播的,每点调查面积不少于 0.4 $m^2$;调查地块的面积超过 0.67$hm^2$的,调查样点数不少于 10 个。

## 5 分级评价指标

### 5.1 冬小麦霜冻害

冬小麦霜冻害田间调查分级评价指标见表 1。

**表 1 冬小麦霜冻害田间调查分级评价指标**

| 霜冻害等级 | 植株形态特征 |
| --- | --- |
| 无霜冻害 | 植株生长发育正常,无受冻现象;<br>或虽有白霜发生,但并未对麦苗造成任何伤害;<br>幼穗发育正常 |
| 轻度霜冻害 | 起身到拔节初期,大部分植株上部叶尖或少部分叶片弯曲向上部轻微受冻,呈水渍状,数日后叶尖干枯变白色渐转黄褐色,上部叶片基部、中下部叶片、叶鞘和茎秆均完好无损;<br>拔节中后期以后,除茎叶轻度受冻外,幼穗冻死率 5%以下;<br>孕穗期的轻度霜冻害可造成少量花粉败育和缺粒,但叶片几乎没有受冻迹象 |
| 中度霜冻害 | 起身到拔节初期,植株上部叶片部分受冻,呈水渍状,数日后由枯白渐转黄褐并枯萎,冻伤可扩展到叶片下部、中下部叶片、叶鞘和部分节间,冻伤较重的主茎和大蘖部分被冻死,受冻部位难以恢复生长;<br>拔节中后期以后,除茎叶受冻外,幼穗冻死率 5%～15%;<br>孕穗期的中度霜冻害可造成部分花粉败育和缺粒,叶片有轻度受冻症状 |
| 重度霜冻害 | 起身到拔节初期,植株冠层大部叶片受冻,呈水渍状,数日后干枯,未定长叶片不能伸长出叶鞘,大部分叶片的基部和叶鞘以及部分茎节受冻,受冻部位不能恢复生长;<br>拔节中后期以后,除茎叶受冻外,幼穗冻死率 15%～30%,冻伤幼穗发育严重受阻;<br>孕穗期的重度霜冻害可造成大量花粉败育,穗部畸形,严重缺粒,叶片也明显受冻 |

表 1（续）

| 霜冻害等级 | 植株形态特征 |
|---|---|
| 特重霜冻害 | 起身到拔节初期，植株叶片全部受冻，呈水渍状，数日后叶片干枯；<br>拔节中后期以后和孕穗期，除茎叶受冻外，幼穗冻死率 30%以上，存活茎的幼穗也普遍冻伤畸形；<br>部分田块因基部节间冻死发生倒伏 |

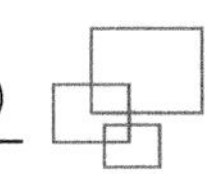

# 附　录　A
## (规范性附录)
## 冬小麦灾害田间调查记录表

表 A.1 给出了冬小麦霜冻害田间调查记录表的规范模板。

**表 A.1　冬小麦霜冻害田间调查记录表**

______省______区(县)______乡镇　户主(地块)名称______调查日期______

<table>
<tr><td rowspan="7">基本情况</td><td>品种名称</td><td colspan="3"></td><td colspan="2">播种日期</td><td></td></tr>
<tr><td>发生日期</td><td colspan="3"></td><td colspan="2">受灾面积,hm²</td><td></td></tr>
<tr><td>发育阶段</td><td colspan="6">起身期□　拔节期□　孕穗期□</td></tr>
<tr><td>麦田类型</td><td colspan="6">水浇地□　旱地□</td></tr>
<tr><td>主茎叶龄</td><td></td><td>单株分蘖</td><td></td><td>株高,cm</td><td colspan="2"></td></tr>
<tr><td>霜冻发生时气象因素</td><td colspan="6">霜冻发生日最低气温、最高气温和地面最低温度,低温持续时间</td></tr>
<tr><td>其他</td><td colspan="6"></td></tr>
<tr><td rowspan="7">受灾情况</td><td rowspan="6">植株受害情况</td><td>叶片</td><td colspan="5"></td></tr>
<tr><td>叶鞘</td><td colspan="5"></td></tr>
<tr><td>受冻茎率,%</td><td colspan="5"></td></tr>
<tr><td>幼穗缺粒和形态</td><td colspan="5"></td></tr>
<tr><td>幼穗冻死率,%</td><td colspan="5"></td></tr>
<tr><td>其他</td><td colspan="5"></td></tr>
<tr><td>生育期延迟天数</td><td colspan="6"></td></tr>
<tr><td colspan="2" rowspan="2">灾害等级评定</td><td>无霜冻害</td><td>轻度霜冻害</td><td>中度霜冻害</td><td>重度霜冻害</td><td colspan="2">特重霜冻害</td></tr>
<tr><td></td><td></td><td></td><td></td><td colspan="2"></td></tr>
<tr><td colspan="2">调查人</td><td colspan="3"></td><td colspan="2">联系电话</td><td></td></tr>
<tr><td colspan="8">备注:</td></tr>
</table>

## 附 录 B

（规范性附录）

冬小麦生长发育期判断标准

表 B.1 给出了冬小麦生长发育期的各阶段划分以及描述性判定指标。

表 B.1 冬小麦各生长发育期的划分指标

| 生长发育期 | 植株形态特征 |
|---|---|
| 出苗期 | 50%以上麦苗第一片叶出土 2 cm 左右 |
| 三叶期 | 50%以上麦苗主茎第三叶伸出叶鞘 2 cm 左右 |
| 分蘖期 | 50%以上麦苗第一分蘖伸出叶鞘 1 cm～2 cm |
| 越冬开始期 | 冬前日平均气温稳定在 0℃以下，植株停止生长 |
| 返青期 | 春季气温回升后，植株恢复生长，50%以上麦苗心叶新长部分达 1 cm 左右 |
| 起身期 | 50%以上麦苗主茎的叶鞘显著伸长。冬性品种的匍匐状幼苗转为直立生长。茎基部第一节间在地下已开始伸长 |
| 拔节期 | 50%以上麦苗主茎茎节伸出地面 2 cm 左右，用两个手指头捏摸可触及 |
| 挑旗期 | 50%以上的植株旗叶展开(即全部伸出下一叶的叶鞘)，这时旗叶叶鞘包着的幼穗明显膨大，所以也称孕穗期 |
| 抽穗期 | 50%以上麦穗的顶部小穗露出旗叶鞘 1 cm |
| 开花期 | 50%以上麦穗的中、上部开花后露出黄色花药 |
| 乳熟期 | 穗子中部籽粒达到正常大小，呈黄绿色。籽粒内含物充满乳状浆液 |
| 蜡熟期 | 茎、叶、穗转黄色，籽粒呈蜡质状 |
| 完熟期 | 植株枯黄，籽粒变硬，不易被指甲划破，籽粒含水量在 14%～16% |

# 附录 2

# 《冬小麦苗情长势监测规范》（GB/T 37804—2019）

# 冬小麦苗情长势监测规范

## 1 范围

本标准规定了冬小麦苗情长势监测点选取、监测项目和方法。

本标准适用于以监测分析、科学研究、生产服务、管理决策为目的的冬小麦苗情长势监测。

## 2 规范性引用文件

下列文件对于本文件的应用是必不可少的。凡是注日期的引用文件，仅注日期的版本适用于本文件。凡是不注日期的引用文件，其最新版本(包括所有的修改单)适用于本文件。

GB/T 15795 小麦条锈病测报技术规范

GB/T 15796 小麦赤霉病测报技术规范

GB/T 15797 小麦丛矮病测报技术规范

GB/T 20524 农林小气候观测仪

HJ 717 土壤质量 全氮的测定 凯氏法

NY/T 612 小麦蚜虫测报调查规范

NY/T 613 小麦白粉病测报调查规范

NY/T 614 小麦纹枯病测报调查规范

NY/T 616 小麦吸浆虫测报调查规范

NY/T 889 土壤速效钾和缓效钾含量的测定

NY/T 1121.6 土壤检测 第6部分:土壤有机质的测定

NY/T 1121.7 土壤检测 第7部分:土壤有效磷的测定

NY/T 1782 农田土壤墒情监测技术规范

## 3 术语和定义

下列术语和定义适用于本文件。

3.1

**苗情长势 growth conditions**

作物生长期间的植株生长发育状况等信息，通常情况下也包括影响作物生长发育的土壤条件、田间小气候、生产管理过程、灾害发生情况等。

3.2

**生育时期 growth stage**

作物在生长发育过程中，按照器官形成顺序和生长发育特性，植株外部形态特征呈现显著变化的几个时期。

注：小麦的生育时期分为出苗期、三叶期、分蘖期、越冬期、返青期、起身期、拔节期、孕穗期(挑旗期)、抽穗期、开花期、乳熟期(灌浆期)、成熟期等12个时期。

## 4 监测点选取

### 4.1 监测地块

4.1.1 应选择土壤肥力、管理水平、小麦品种、苗情长势等有代表性的地块。

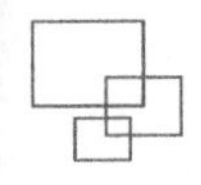


4.1.2　观测地块应距离树林、建筑物、道路、水面 20 m 以上。

4.1.3　小麦种植面积一般不少于 0.1 $hm^2$。

4.1.4　应记录监测地块的地形、地势、面积、土壤类型和经纬度。

**4.2　监测点**

采取对角线取样法，每个监测地块选择 3 个有代表性的监测点进行固定标记。

## 5　监测项目和方法

### 5.1　生长环境

#### 5.1.1　土壤条件

**5.1.1.1　土壤墒情监测**

在出苗期、越冬期、返青期、抽穗期、乳熟期和成熟期分别监测，监测方法按 NY/T 1782 执行。

**5.1.1.2　土壤养分监测**

在出苗期、越冬期、返青期、抽穗期、乳熟期和成熟期，分别监测地面 10 cm、20 cm 土层的 N、P、K 和有机质含量。测定方法分别按 HJ 717、NY/T 1121.7、NY/T 889 和 NY/T 1121.6 执行。

**5.1.1.3　土壤温度监测**

在出苗期、越冬期、返青期、抽穗期、乳熟期和成熟期分别监测地面 10 cm、20 cm 处土层的温度。

#### 5.1.2　麦田小气候

应采用自动监测设备在全生育时期持续监测，指标包括空气温度、湿度，降雨量、蒸发量，日照时数、光合有效辐射，风速、风向等，设备安装和监测方法按 GB/T 20524 执行。

### 5.2　生产管理过程

记录田间生产管理的主要内容、时间和方法。具体监测项目和指标如表 1 所示。

**表 1　生产管理过程监测指标和内容**

| 序号 | 监测指标 | 主要内容 |
|---|---|---|
| 1 | 前茬作物 | 前茬作物的种类、产量 |
| 2 | 基础地力 | 土壤类型、养分含量 |
| 3 | 整地 | 土地翻耕方式、翻耕深度、整地日期 |
| 4 | 播种 | 播种日期、播种深度、播种方式、播种量和小麦品种 |
| 5 | 施肥 | 施肥时间、施肥方式、肥料种类及施肥量 |
| 6 | 灌排水 | 灌溉时间、灌溉方式及灌水量，排水时间和方式 |
| 7 | 病虫害防治 | 病虫害防治的时间、措施，施用的药剂品种、浓度、用法及用量 |

### 5.3　生育时期

监测冬小麦各生育期主要特征出现的时间，主要判定指标如表 2 所示。

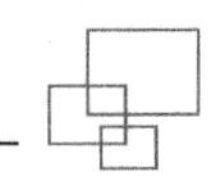

**表 2 冬小麦生育时期和判定指标**

| 序号 | 生育时期 | 判定指标 |
|---|---|---|
| 1 | 播种期 | 完成小麦田间播种 |
| 2 | 出苗期 | 监测点有 50%以上的植株第 1 片真叶露出地表 2 cm~3 cm |
| 3 | 三叶期 | 监测点有 50%以上的植株第 3 片真叶伸出 2 cm |
| 4 | 分蘖期 | 监测点有 50%以上的植株第一分蘖露出叶鞘 2 cm |
| 5 | 越冬期 | 冬前连续 5 日平均气温稳定降至 0 ℃、麦苗停止生长 |
| 6 | 返青期 | 监测点 50%以上的植株叶片由青紫色转为鲜绿色、心叶长出 1 cm~2 cm |
| 7 | 起身期 | 监测点 50%以上的植株由匍匐转为直立生长、基部节间开始伸长 0.2 cm~0.5 cm |
| 8 | 拔节期 | 监测点 50%以上单茎的茎基部第一节间露出地面 1.5 cm~2 cm |
| 9 | 孕穗期 | 监测点 50%以上的旗叶抽出叶鞘并完全展开,旗叶叶鞘包着的幼穗明显膨大 |
| 10 | 抽穗期 | 监测点 50%以上麦穗由叶鞘中露出穗长的 1/2 |
| 11 | 开花期 | 监测点 50%以上麦穗中上部小花的内外颖张开、花丝伸长、花药外露 |
| 12 | 乳熟期 | 开花后 10 d 左右,籽粒开始沉积淀粉,胚乳呈炼乳状 |
| 13 | 成熟期 | 茎、叶、穗发黄,胚乳呈蜡质状,籽粒开始变硬,基本达到该品种固有色泽 |

### 5.4 小麦长势

#### 5.4.1 监测指标与方法

冬小麦长势监测指标包括基本苗数、缺苗率、总茎蘖数等 11 项,监测方法和表示方式如表 3 所示。

**表 3 冬小麦长势监测方法和表示方式**

| 序号 | 监测指标 | 监测方法 | 表示方式 |
|---|---|---|---|
| 1 | 基本苗数 | 计数 0.5 $m^2$ 面积内小麦苗数,折算方法为总苗数×2×667÷10 000 | 单位为万株/667 $m^2$ |
| 2 | 缺苗率 | 测量 3 行、每行 3 m 内的缺苗(5 cm 以上无苗)、断垄(连续 10 cm 以上无苗)累计长度,折算方法为缺苗断垄总长÷9 | 用百分比(%)表示 |
| 3 | 总茎蘖数 | 计数 0.5 $m^2$ 面积内小麦主茎和分蘖数的总和,折算方法为总茎蘖数×2×667÷10 000 | 单位为万茎(蘖)/667 $m^2$ |
| 4 | 总茎数 | 计数 0.5 $m^2$ 面积内小麦主茎和 4 片叶以上(包括心叶)有效蘖的总和,折算方法为总茎数×2×667÷10 000 | 单位为万茎/667 $m^2$ |
| 5 | 单株次生根 | 挖取 10 株(茎)小麦根系样本,计数≥0.5 cm 的次生根的总条数,折算方法为总次生根条数÷10 | 单位为条/株 |
| 6 | 叶面积指数 | 取 10 株(茎)小麦的全部绿色叶片,测量面积和占地面积,折算方法为叶面积÷占地面积 | 用叶面积与占地面积的商表示 |

**表 3（续）**

| 序号 | 监测指标 | 监测方法 | 表示方式 |
|---|---|---|---|
| 7 | 株高 | 取 10 株(茎)样本测量株高。拔节期及以前用小麦植株基部到最高叶尖(用手扶直叶片)的长度表示，拔节期以后用植株基部到穗顶(不包括芒)的高度表示。折算方法为株高之和÷10 | 单位为厘米(cm) |
| 8 | 叶色 | 监测小麦叶片呈现的颜色，分浓绿、绿、浅绿 3 类 | 用叶片颜色表示 |
| 9 | 穗数 | 计数 0.5 $m^2$ 内单穗粒数≥5 粒的穗数，折算方法为总穗数×2×667÷10 000 | 单位为万穗/667 $m^2$ |
| 10 | 穗粒数 | 随机取 20 个麦穗(穗粒数≥5 粒)，脱粒后计数小麦籽粒数，折算方法为总籽粒数÷20 | 单位为粒/穗 |
| 11 | 千粒重 | 随机取 3 份、每份 1 000 粒称重(按含水量 13%)，折算方法为总粒重÷3 | 单位为克(g) |

### 5.4.2 监测时间

冬小麦长势监测各项指标的监测时间如表 4 所示。

**表 4　冬小麦长势指标的监测时间**

| 监测指标 | 监测时间 | | | | | | | | | | | | |
|---|---|---|---|---|---|---|---|---|---|---|---|---|---|
| | 播种期 | 出苗期 | 三叶期 | 分蘖期 | 越冬期 | 返青期 | 起身期 | 拔节期 | 孕穗期 | 抽穗期 | 开花期 | 乳熟期 | 成熟期 |
| 基本苗数 | | | √ | | | | | | | | | | |
| 缺苗率 | | | √ | | | | | | | | | | |
| 总茎蘖数 | | | | | √ | √ | √ | √ | | | | | |
| 总茎数 | | | | | √ | √ | √ | √ | | | | | |
| 单株次生根 | | | | | √ | √ | √ | √ | | | | | |
| 叶面积指数 | | | | | √ | √ | √ | √ | | | √ | | |
| 株高 | | | | | √ | √ | √ | √ | √ | √ | √ | √ | √ |
| 叶色 | | | | | √ | √ | √ | √ | √ | | | √ | |
| 穗数 | | | | | | | | | | | | | √ |
| 穗粒数 | | | | | | | | | | | | | √ |
| 千粒重 | | | | | | | | | | | | | √ |

注：“√”表示在该生育时期进行监测。

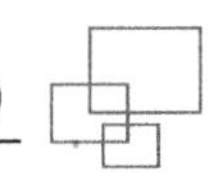

### 5.5 主要灾害监测

#### 5.5.1 气象灾害

##### 5.5.1.1 冻害

在冻害发生后的第 5 天进行监测：

a） 冻害包括冬季冻害和早春冻害(倒春寒)两种；

b） 小麦冻害程度分为 4 级，一级为叶尖受冻发黄，二级为叶片冻死发黄达到一半，三级为叶片全部冻死发黄，四级为主茎或部分大蘖冻死；

c） 监测项目包括发生时间、冻害等级和受灾面积。

##### 5.5.1.2 旱害

在小麦需水关键时期无有效降水超过 10 d 进行监测：

a） 按照受害程度，旱害可分为轻度、中度和重度 3 级；

b） 监测项目包括发生时间、旱害等级和受灾面积。

##### 5.5.1.3 干热风

在出现干热风天气后即进行监测：

a） 按照受害程度，干热风灾害分为轻度和重度两级；

b） 监测项目包括发生时间、灾害等级和受灾面积。

##### 5.5.1.4 倒伏

在倒伏发生当日进行监测：

a） 倒伏分为倾、倒、伏 3 级。植株与地面夹角在 46°～75°之间为倾，在 10°～45°之间为倒，与地面夹角在 10°以内为伏；

b） 监测项目包括倒伏小麦品种、倒伏程度、倒伏植株比例和面积。

#### 5.5.2 病害

每个样本点随机选择 20 株(茎)，在病害发生时监测病害的危害程度和百分率：

a） 小麦条锈病监测按 GB/T 15795 执行；

b） 小麦赤霉病监测按 GB/T 15796 执行；

c） 小麦丛矮病监测按 GB/T 15797 执行；

d） 小麦白粉病监测按 NY/T 613 执行；

e） 小麦纹枯病监测按 NY/T 614 执行。

#### 5.5.3 虫害

每个样本点随机选择 20 株(茎)，在虫害发生时监测虫害的危害程度和百分率：

a） 小麦蚜虫监测按 NY/T 612 执行；

b） 小麦吸浆虫监测按 NY/T 616 执行。

---